信息技术

基础模块（上册）

主 编 刘洪海 张 洁 梁 巧
副主编 李 霞

西北大学出版社
·西安·

图书在版编目(CIP)数据

信息技术：基础模块. 上册 / 刘洪海，张洁，梁巧主编. —西安：西北大学出版社，2022.7

ISBN 978-7-5604-4961-6

Ⅰ.①信… Ⅱ.①刘… ②张… ③梁… Ⅲ.①电子计算机—中等专业学校—教材 Ⅳ.①TP3

中国版本图书馆 CIP 数据核字(2022)第 119732 号

信息技术：基础模块. 上册

XINXI JISHU：JICHU MOKUAI. SHANGCE

刘洪海 张 洁 梁 巧 主编

出版发行 西北大学出版社

地　　址 西安市太白北路 229 号

网　　址 http://nwupress.nwu.edu.cn

电　　话 029-88303059

经　　销 全国新华书店

印　　装 三河市骏杰印刷有限公司

开　　本 850 毫米×1168 毫米 1/16

印　　张 11

字　　数 220 千字

版　　次 2022 年 7 月第 1 版 2022 年 7 月第 1 次印刷

书　　号 ISBN 978-7-5604-4961-6

定　　价 35.00 元

如有印装质量问题，请与本社联系调换，电话 029-88302966。

前言

PREFACE

当今世界已进入信息时代，信息成为国家和社会发展的重要战略资源。随着以计算机技术、通信技术为核心的信息技术的迅猛发展，以及微型计算机、智能手机等移动终端的普及，智能设备已进入现代社会的各个角落，人们获取各种信息的方式越来越便捷。近几年，互联网技术的飞速发展为人们提供了信息资源共享和信息交流的网络环境，互联网与经济社会各领域的融合发展进一步深化，基于互联网的新业态成为新的经济增长动力，互联网支撑大众创业、万众创新的作用进一步增强，互联网成为提供公共服务的重要手段，网络经济与实体经济协同发展。

本书根据教育部发布的《中等职业学校信息技术课程标准》(2020年版)的要求组织编写，旨在帮助学生应用信息技术解决生产、生活和学习中的各种问题，在数字化学习与创新过程中培养独立思考和主动探究能力，不断强化认知、合作、创新能力，为职业能力的提升奠定基础。

本书推荐学时安排见下表。

项　目	内　容	学　时
一	信息技术应用基础	16
二	网络应用	16
三	图文编辑	20
总计		52

本书具有以下特点：

(1)知识紧跟时代发展。本书中的一些知识紧跟现阶段时代发展的步伐，如讲解操作系统时以 Windows 10 操作系统为主，讲解图文编辑时以 Word 2016 为主。

(2)内容全面，体例科学。本书以教育部发布的《中等职业学校信息技术课程标准》(2020年版)为依据制定编写大纲，体例上遵循学生的认知规律，内容安排由浅入深，循序渐进。

(3)板块丰富，趣味性强。本书内置多个板块，如“项目导读”“知识框架”“任务描述”“任务提示”“任务完成”“必备知识”“实践体验” 等，可增强阅读的趣味性，培养学生的学习兴趣。

（4）配套资源内容丰富。本书配备二维码学习资源，扫描书中的二维码即可获得在线的数字资源。同时本书提供配套教学课件、课程标准、练习题等供任课教师使用。

本书由刘洪海、张洁、梁巧担任主编，由李霞担任副主编。

由于编者水平有限，书中难免存在不足之处，敬请广大读者批评指正。

编　者

目录
CONTENTS

项目一 信息技术应用基础

项目导读

现代社会是科技高速发展的社会，其中包含各种信息。各种信息技术的应用和发展极大地改变了人们学习、工作和生活的方式。科学地认知信息技术对于现代社会的作用，合理地运用信息技术处理各种问题，是现代公民应具有的素质。

知识框架

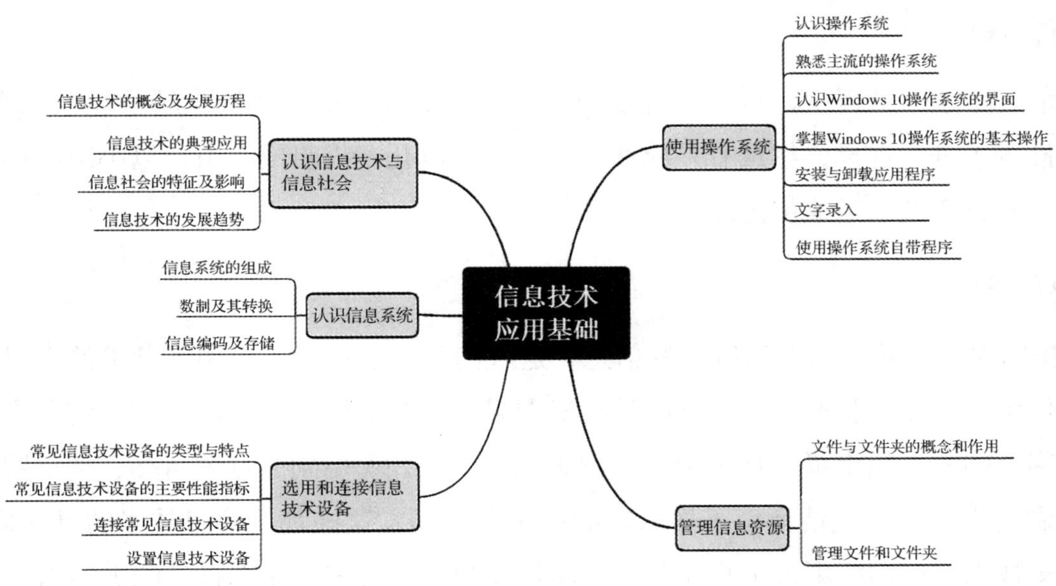

任务一　认识信息技术与信息社会

任务描述

观察周围的事物，哪些应用了信息技术？通过观察和体验这些信息技术的应用，感受信息技术为我们的生活、学习、工作带来的便利，并针对自己的观察和体验提出一些改进措施，填写表 1-1。

表1-1　项目一任务一用表

观察到的项目	是否有体验	体验感受	带来的便利	有无改进意见

任务提示

在完成任务的过程中，每个人可以根据自己的实际情况（如周围环境、个人兴趣、经济条件等）进行选择，尽量有差异性。另外，可以几个人组成小组，以小组的形式完成任务，充分拓展小组成员的思维。

任务完成

在我们周围，随时随地都有各种信息，这些信息以各种形式应用到日常的学习、生活和工作中。例如，我们上课用到的计算机网络、打电话用到的手机通信、淘宝买衣服用到的网上购物、超市买零食用到的二维码支付、点外卖用到的点餐 App、到学校食堂吃饭要刷的饭卡以及疫情环境下居家时的网络课堂等，这些都是信息技术的具体应用，但是信息技术的应用范围远不止这些。同学们在观察时可充分发挥自己的观察力。

必备知识

一、信息技术的概念及发展历程

1. 信息技术的概念

信息技术的定义可以分为狭义和广义两种。

（1）狭义的信息技术分为三种：一是指信息处理的技术，即将信息技术等同于计算机技术；二是指计算机技术与通信技术的结合；三是指计算机技术 + 通信技术 + 控制技术。

（2）广义的信息技术是指完成信息的获取、加工、传递、再生和使用等功能的技术，是能够扩展人的信息器官功能的技术。可以认为，信息技术就是能够提高或扩展人类信息能力的方法和手段的总称。

2. 信息技术的发展历程

（1）语言的使用。语言的使用不仅是信息表达方式的突破，使人类的思想与感情交流内容更丰富，也是信息保存和传播手段的一次关键性革命。

（2）文字的使用。文字的出现是信息从语音同步传播变为视觉异步传播的过程。人们可以利用文字长期存储信息，可以跨时间、跨地域地传播信息。文字的应用标志着人类具备了跨时空传播信息的能力。

（3）造纸术和印刷术的发明。造纸术和印刷术的发明是人类文明发展的一个里程碑，它们将信息的记录、存储、传播和使用扩大到了更广的范围，使信息的积累和传播有了可靠的保证。

（4）电报、电话、电视及其他通信技术的发明和应用。电报、电话、电视及其他通信技术的发明和应用标志着人类社会正式踏入“电”信息时代，人们可以更加快速、方便地传递信息。

（5）计算机技术和现代通信技术的普及。20 世纪 40 年代，电子计算机诞生，这是人类社会进入现代信息技术发展阶段的重要标志。

随着社会生活和经济活动的发展，人类信息活动的强度和范围急剧增大，社会的信息量迅猛增长，尤其是 20 世纪 60 年代后，人类社会进入“信息爆炸”时代。

推动信息技术革命性变革的直接动力是计算机的智能化、低价格和通信设施的大容量、高速化。计算机智能化的发展使其能快速处理大容量的数据，强大的功能加上低廉的价格，使计算机能以惊人的速度在普通家庭中普及。由于诸如 ADSL、光纤、无线电通信、卫星通信等各种通信技术的发展，通信的速度和容量飞速提高，而通信的费用不断降低，网络通信快速渗透人们的日常生活。

电子学的发展，特别是半导体技术、微电子技术、集成电路技术、通信技术、传感技术、光纤技术、激光技术、远红外技术、人工智能技术等现代科学技术领域的重大突破，使信息技术有革命性的发展，真正成为一种适应现代信息社会需要的高科技。正是依靠先进的信息科学技术的推动，人类社会从工业时代逐步过渡到信息时代。

现代信息技术是产生、转换、存储、加工和传输数字、文字、声音、图像信息的一切现代高新技术的总称，其核心包括计算机技术、通信技术和控制技术。现代信息技术之所以能够处于现代高新技术群体中最核心、最先导的地位，具有非凡的重要作用，根本原因在于它是渗透性、综合性、应用性极强的高科技，包括的技术十分广泛，和其他高新科技如材料科学、生命科学等相互渗透、相互支撑、相互促进。

知识链接

现代信息技术的发展与电子计算机技术密不可分。1946 年，世界上第一台真正意义的电子计算机在美国诞生。

按照计算机采用的电子器件不同，一般认为计算机的发展分为四个阶段，见表 1-2。

表1-2　计算机的发展阶段

发展阶段	核心电子器件	主要语言或软件	主要应用领域
第一阶段（1946—1958 年）	电子管	机器语言、汇编语言	军事与科研
第二阶段（1959—1964 年）	晶体管	高级语言、操作系统	数据处理和事务处理
第三阶段（1965—1970 年）	中、小规模集成电路	多种高级语言、完善的操作系统	科学计算、数据处理及过程控制
第四阶段（1971 年至今）	大规模、超大规模集成电路	数据库管理系统、网络操作系统、各种应用系统	人工智能、数据通信及社会的各领域

近年来，随着信息技术的进步，计算机技术也在不断地发展，特别是对量子计算机、生物计算机等的探索，将开启计算机技术发展的又一个新时代。

二、信息技术的典型应用

如今，信息技术的应用已经遍及各个领域，如教育、科研、工业、农业、商业、医学、交通、军事等，信息技术不断推动人类社会的发展和进步。

（1）信息技术在教育中的应用。信息技术使学生能够根据需要和兴趣，选择辅助学习软件进行针对性的学习；使教师能利用多媒体开展生动的教学活动。

（2）信息技术在科研中的应用。例如，使用电子显微镜可以将物体放大，使人们观察到更微观的世界，大大扩展了人们的视觉领域。

（3）信息技术在工业中的应用。信息技术可以提高机器设备的自动化与智能化程度。

（4）信息技术在农业中的应用。例如，利用卫星可以收集地面上的植物、土壤的资料，掌握水资源的分布，了解农作物的长势和病虫害信息，监视森林火灾，监测海洋、河流、湖泊、大气的污染情况。

（5）信息技术在商业中的应用。到超市购物时，收银员只需用读码器在每种物品的条码上扫一下，就可以自动计算应付款额；在银行存取款也离不开计算机及网络的支持。

（6）信息技术在医学中的应用。如CT、超声成像、心电图、脑电图等先进的检测技术为疾病的诊断提供了方便，赢得了很多治疗时间。

知识链接

CT（computer tomography）即计算机断层扫描术，它利用精确准直的X线束、γ射线、超声波等，与灵敏度极高的探测器一同围绕人体的某一部位做一个接一个的断面扫描，具有扫描时间快、图像清晰等特点，可用于多种疾病的检查；根据所采用的射线不同可分为X射线CT（X-CT）以及γ射线CT（γ-CT）等。

（7）信息技术在交通管理中的应用。城市交通监管系统可以随时了解道路交通状况，记录车辆的运行，合理控制红绿灯信号……同时，火车、轮船、飞机等各种交通工具的运行，也离不开信息技术。

（8）信息技术在军事领域的应用。信息技术对现代化武器装备、指挥方式、作战形式、军队结构和战略战术等都产生了巨大的影响。例如，现代化军用飞机的速度可达声速的几倍，飞行高度可达万米以上，只有用雷达才能发现、跟踪它们，得到有关其机型、速度、方位等方面的信息；只有利用计算机技术，才能在极短的时间内算出防空导弹的发射参数，并指挥导弹攻击入侵的敌机。此外，在现代战争中，电子侦察、电子预警、电子干扰、声呐探测、雷达系统、红外瞄准与夜视装置等都离不开现代信息技术。可以说，没有现代信息技术的应用，就没有军事现代化。

知识链接

北斗卫星导航系统（简称“北斗系统”）是中国着眼于国家安全和经济社会发展需要，自主建设运行的全球卫星导航系统，是为全球用户提供全天候、全天时、高精度的定位、导航和授时服务的国家重要时空基础设施。2020年7月31日上午，北斗三号全球卫星导航系统正式开通。

北斗系统提供服务以来，已在交通运输、农林渔业、水文监测、气象测报、通信授时、电力调度、救灾减灾、公共安全等领域得到广泛应用，服务国家重要基础设施，产生了显著的经济效益和社会效益。基于北斗系统的导航服务已被电子商务、移动智能终端制造、位置服务等厂商采用，广泛进入中国大众消费、共享经济和民生领域，应用的新模式、新业态、新经济不断涌现，深刻改变着人们的生产生活方式。中国将持续推进北斗系统的应用与产业化发展，服务于国家现代化建设和百姓日常生活，为全球科技、经济和社会发展做出贡献。

三、信息社会的特征及影响

20 世纪 90 年代以来，信息资源日益重要，世界范围内出现了信息化浪潮。随着信息技术的不断发展，信息化已成为全球一股不可抗拒的潮流，不断推动人类社会进步。在 21 世纪，信息化使人类经济社会的发展进入一个新阶段，无论是生产力的构成，还是生产组织形态，都发生了巨大的变化。信息技术与信息网络的结合产生了一大批新兴产业，也使很多传统行业优化升级。

1. 信息社会的特征

（1）网络社会。网络化是信息社会最典型的特征，人们的工作、学习和生活，企业的运营，政府的服务都离不开网络。网络社会主要体现在基础设施完备和社会发展协调两方面。

①基础设施完备：高速、泛在、价低、好用的信息基础设施全面普及是网络社会的基本要求。利用无所不在的网络，人们可以实现在任何时间、任何地点，同任何人与物交换信息，网络为个人和社会提供无处不在的信息服务和应用。

②社会发展协调：随着社会的不断发展和生产力水平的不断提高，人们的需求从基本的衣食住行转变为对健康生活、对人与自然和谐发展的需求，信息社会需要提供更好的医疗服务，更加强调生态环境保护，注重节能减排，发展低碳经济。

（2）数字生活。信息技术已广泛应用于日常生活的方方面面。数字生活主要体现在生活工具数字化、生活方式数字化和生活内容数字化三方面。

①生活工具数字化：智能手机、平板电脑、智能手表、计算机等数字化工具逐渐成为人们的生活必需品。

②生活方式数字化：利用智能手机、平板电脑等移动终端，人们可以在线看视频、听音乐、移动办公、在线学习和网上购物等，足不出户就能享受越来越舒适和丰富的生活。

③生活内容数字化：人们的生活内容逐渐转变为以创造、处理和分配信息为主，数字化信息成为主要的生活消费品之一。

（3）信息经济。信息经济是指以信息与知识的生产、分配、拥有和使用为主要特征，以创新为主要驱动力的经济形态。信息技术的应用极大地提高了信息与知识的生产和创造能力，降低了获取成本，并加快了传播和扩散速度，从而提升了人们利用信息的能力。

在信息经济中，信息成为新的生产要素。通过信息的获取、传播、处理、应用、输出，解决供需双方信息不对称的问题，提高效率，促进社会经济的发展。例如，人们通过网上学习平台付费知识，使得知识更易获得、学习更便捷；农户通过电商平台销售农产品，能打破时空阻隔，让供需直接对接。

（4）在线政府。科学决策、公开透明、高效治理、互动参与是在线政府的特征。在现代信息技术的支撑下，政府决策更趋于科学化，政府运行更加公开化，政府行政效率和服务质量进一步提高，政民沟通渠道更加畅通和多元化，互联网成为政府与公众直接沟通的重要桥梁。

2. 信息社会的文化、道德和法律

在信息社会中，因信息技术广泛应用于社会生活而形成的文化、道德和法律，相较于以往社会形态的文化、道德和法律，既有相同、相通之处，也呈现出不同的特点。

信息社会的文化呈现出数字化、开放性、包容性等特点。文化呈现方式更加多元，文化形态更加多样，文化的传播也更加快捷和广泛。信息交流的自由、平等、共享理念是信息时代的文化特质。

信息社会的道德，强调人们在现实空间与网络虚拟空间并存的状态下，凡是现实生活中需要遵循的道德准则，在网络虚拟空间中同样需要遵守。不损害国家利益、公共利益和他人利益，是信息社会道德的基本要求。

在日常的信息活动中，同学们应秉持诚信友善、包容共享、尊重隐私的原则，传播正能量，弘扬主旋律，并注重保护知识产权。要遵从信息社会的行为礼仪、道德准则和国家法律法规，当发现网络上出现不良信息和违规行为时，要及时向有关部门举报。

知识链接

2001 年 11 月，共青团中央、教育部、文化部、国务院新闻办公室、全国青联、全国学联、全国少工委、中国青少年网络协会向全社会发布了《全国青少年网络文明公约》。内容如下：

（1）要善于网上学习，不浏览不良信息。

（2）要诚实友好交流，不侮辱欺诈他人。

（3）要增强自护意识，不随意约会网友。

（4）要维护网络安全，不破坏网络秩序。

（5）要有益身心健康，不沉溺虚拟时空。

3. 信息社会的影响

测试题

随着信息社会的到来，信息技术的发展给人们的工作、学习、生活的方式带来了巨大的改变。

（1）劳动生产自动化。在信息社会中，劳动是人类谋求生存和发展的主要手段，劳动生产是人们最主要的生活内容之一，也是人类社会生活的最基本内容。几千年来，人类劳动方式经历了从手工劳动到机械劳动的变革，在信息社会里，劳动方式将向自动化劳动方式发展。自动化劳动是指整个劳动过程实现自动化控制和自动化生产，全部由机器来进行，无须人工参与。自动化劳动是建立在自动化技术基础之上的，而自动化技术是与信息技术的发展密切相关的。以电子计算机技术为核心的信息技术的发展带来了自动化技术的发展，才使人类生产劳动过程实现了自动化控制和自动化生产。人类实现全面自动化劳动包括工业生产自动化、农业生产自动化、办公自动化、家庭自动化等，它们的实现会给人类生活带来巨大的变化。

（2）闲暇生活多样化。信息科技的飞速发展带来了“4A”革命，即工厂自动化（FA）、办公室自动化（OA）、实验室自动化（LA）和家庭自动化（HA）。“4A”的实现使人们的闲暇时间大为增多。社会学家一般把闲暇时间理解为工作之外的，扣除了与生活消耗联系在一起的时间（如上、下班时间）以及用于自我服务和家务、吃饭、睡觉的时间之后剩余的时间。因此，闲暇时间的多少成为一个社会劳动生产率高低的标志，在闲暇时间内怎样安排生活就构成了人们的闲暇生活方式。信息科技的发展对人们日常生活方式的另一个重大影响就是使人们的闲暇生活方式无论在内容还是形式上都发生了重大改变。

（3）日常生活便捷化。吃、穿、住、行是人们日常生活的基本方面，也是人们生活消费的基本方面。在信息社会里，以信息技术为龙头的六大高新技术（信息技术、新材料技术、生物技术、新能源技术、空间技术和海洋技术）的发展，不仅使人们的日常生活方式发生革命性变化，而且改变着人们的消费模式和结构。

（4）社会交往的多元化。信息社会是信息化、网络化的时代，随着计算机技术和通信技术的普及，信息化、网络化的特征将越来越明显。在信息社会里，社会交往作为人类社会生活的重要方面，会发生革命性变革，并呈现出与以往农业社会的原始交往和工业社会的资本交往所不同的崭新特征。

四、信息技术的发展趋势

当今世界，信息技术发展日新月异，正加速改变人类的生产与生活，推动各产业各环节发生深刻变革。新一轮重大信息技术革新，将不断满足人民群众美好的生活需求，促进信息产业链价值提升，提高经济社会发展质量和效益。总体来看，信息技术的发展趋势主要体现在以下几方面。

1. 超高清视频进入千家万户

超高清视频是指每帧像素分辨率在 4K（一般为 3 840 × 2 160 像素）及以上的视频。4K、8K 超高清视频的画面分辨率分别是高清视频的 4 倍和 16 倍，并在色彩、音效、沉浸感等方面实现全面提升，带来更具震撼力和感染力的用户体验。

展望未来，4K/8K 超高清视频的高分辨率、高帧率、高色深、宽色域、高动态范围和三维声等技术日臻成熟，超高清频道将陆续开通，超高清电视节目逐渐增多，如 4K 电影和 4K 纪录片，4K/8K 点播频道将日益丰富。消费者将体验到更多优质的 4K 超高清视频内容，对超高清视频的认知不断加深，对 4K 的需求不断增长，形成整个产业生态链的良性循环。超高清视频与安防、制造、交通、医疗等行业的结合，将加速智能监控、机器人巡检、远程维护、自动驾驶、远程医疗等新应用、新模式的孕育和发展，驱动以视频为核心的行业实现数字化、智能化转型。

2. 虚拟现实技术应用遍地开花

虚拟现实（含增强现实、混合现实，分别简称 VR/AR/MR）是融合应用了多媒体、传感器、新型显示、互联网和人工智能等多种前沿技术的综合性技术。虚拟现实有望成为下一代通用计算平台，给人类认识世界、改造世界的方式和方法带来颠覆式变革。它与教育、军事、制造、娱乐、医疗、文化艺术和旅游等领域的深度融合，具有巨大的市场潜力。

展望未来，随着虚拟现实产品与技术的不断进步，虚拟现实技术的行业应用需求日益明晰，应用场景也更加丰富，将在制造、教育、交通、医疗、文娱、旅游等领域快速展开。虚拟现实技术正进入我国航天、航空、汽车等高端制造领域，成为促进中国制造创新转型升级的新工具；虚拟现实技术和健康医疗、养老关怀、文化教育等领域进一步深入融合，将创新社会服务方式，有效缓解医疗、养老、教育等社会公共资源不均衡问题，促进社会和谐发展。

3. 智能家居产品深入人心

智能家居产品是指使用了语音交互、机器深度学习、自我调控等技术的家居产品。智能家居产品具有自然交互、智能化推荐等能力，其典型代表是智能音箱。智能家居产品已经不是单纯具有使用功能，其还可以作为管理家庭场景的物联网接口。

展望未来，智能音箱、智能电视、智能门锁、智能照明、智能插座、智能摄像头等智能家居硬件产品将更加普及，智能家庭控制系统将更加安全。家居产品将从被动处理信息和任务演进为自觉主动地以自感知、自学习、自决策、自适应的方式完成任务。软硬件产品结合将由智能化单品向以用户为中心的智慧家庭演进，多种家居产品将根据用户自定义实现联动与人工智能操作，为居民提供更方便、更愉悦、更健康、更安全的生活体验。

4. 量子信息技术进入产业化阶段

量子信息技术是用量子态来编码、传输、处理和存储信息的一类前沿理论技术的总称。量子特有的多维性、不可分割性和不可复制性，使其突破现有信息技术的物理极限和运算速度极限，在安全通信、加密 / 解密、金融计算等方面具有巨大的发展潜力和应用前景。

展望未来，量子信息技术将走向产业化，主要集中于量子通信、量子计算、量子测量三大领域。量子通信的形式包括量子密钥分发、量子隐形传态、量子密集编码、量子纠缠分发等。其中，量子密钥分发是我国量子保密通信最典型的应用。量子计算机硬件实现形式主要包括超导体、半导体、离子阱三种。量子测量将应用到科学探索、技术标准、国防军事等各领域前沿。

知识链接

量子计算机利用原子的多重自旋进行运算，它可以在量子位上计算，可以在 0 和 1 之间计算。在理论方面，量子计算机的性能能够超过任何可以想象的标准计算机。

5. 5G 全产业链加速成熟

5G，即第五代移动通信。每一代移动通信都可由标志性能力指标和核心关键技术进行定义。5G 的标志性能力指标为 Gbps（每秒千兆位）级用户体验速率，核心关键技术包含大规模天线阵列、超密集组网、新型多址、全频谱接入和新型网络架构等。

展望未来，5G 全产业链加速成熟，快速步入商用阶段。5G 网络产品、基带芯片、模组解决方案已初步达到商用终端产品要求。今后，5G 在各领域的创新应用将日益活跃，围绕超高清视频、虚拟现实、智能驾驶、智能工厂、智慧城市的应用探索将成为热点。

知识链接

5G 的特点有高速度、泛在网（一是广泛覆盖，二是纵深覆盖）、低功耗、低延时、万物互联。我国十分重视 5G 基础设施的建设与技术的发展，截至 2020 年 9 月，中国已经开通 5G 基站 69 万个，提前完成了 5G 基站建设的全年目标。

6. 车联网方兴未艾

车联网（智能网联汽车）是实现智能驾驶和信息互联的新一代汽车，具有平台化、智能化和网联化的特征。智能网联汽车搭载先进的车载传感器、控制器、执行器等装置和车载系统模块，融合现代传感技术、控制技术、通信与网络技术，具备信息互联共享、复杂环境感知、智能化决策与控制等功能。

展望未来，车联网产业的发展将促进汽车、电子、信息通信、道路交通运输等行业深度融合。汽车网联化、智能化水平不断提升，从驾驶辅助到有条件自动化再到完全自动化，不断演进。具有高级别自动驾驶功能的智能网联汽车和基于第五代移动通信技术设计的车联网无线通信技术（5G-V2X）将逐步实现规模化商业应用，“人—车—路—云”将实现高度协同。

知识链接

我国一直以来高度重视车联网技术与产业的发展。在政策方面，国家将发展车联网作为推进人工智能技术落地与智能网联汽车产业加快突破的关键。早在 2015 年，国务院就颁布了《国务院关于积极推进“互联网 +”行动的指导意见》，要求推进车联网等智能化技术的应用；2018 年 12 月，工业和信息化部出台《车联网（智能网联汽车）产业发展行动计划》，彰显出国家对于车联网产业发展的重大支持。

在政策与技术的双驱动下，车联网驶入发展的快车道。工业和信息化部出台的《车联网（智能网联汽车）产业发展行动计划》中指出了严格的车联网用户渗透率；2019 年 9 月，中共中央、国务院印发了《交通强国建设纲要》，提出要加强智能网联汽车（智能汽车、自动驾驶、车路协同）研发，形成自主可控的完整产业链。

7. 军民信息化融合日益紧密

军民信息化融合主要包含两个层面的内容：一是“军转民”，即军用信息技术在民用领域的拓展；二是“民参军”，将民营企业的先进信息技术运用于国防军事工业制造体系。随着信息化技术的不断发展，信息化在社会生活和军民领域的应用越来越广泛，以信息化带动工业化和国防事业的发展成为未来的必然趋势，信息化领域的军民融合越来越紧密。军民信息化融合发展的方式不断转变，范围不断拓展，形式进一步丰富，制度日益完善。军队与社会在信息基础建设、信息技术研发和信息人才培养等方面将加快资源流动，优势互补。

8. 智能制造稳步推进

智能制造发展全面推进，生产方式加速向数字化、网络化、智能化变革，智能制造供给能力稳步提升。智能制造和工业互联网不断融合，工业互联网平台将成为企业发展智能制造的重要着力点，中小企业不断推进智能转型升级。数字化工厂建设速度加快，形成若干可复制、可推广的智能制造新模式，智能制造标准体系逐步完善。智能制造向制造业的全领域推广，带动制造业转型升级，提升行业竞争力。

9. 云计算潜力巨大

云计算应用细分领域不断拓展，其从互联网行业向工业、农业、商贸、金融、交通、物流、医疗、政务等传统行业不断渗透。随着数字经济的发展，数字化转型需求旺盛，云计算潜力不断被激发，云服务市场保持快速增长。企业将信息系统向云平台迁移，利用云计算加快数字化、网络化、智能化转型，云计算企业将进一步强化云生态体系建设。

10. 大数据迭代创新发展

大数据产业链不断完善，大数据硬件、大数据软件、大数据服务等核心产业环节规模和业务覆盖领域不断扩大。大数据技术及应用处于稳步迭代创新期，大数据计算引擎、大数据 PaaS 及工具和组件成为企业标配，结合人工智能技术的大数据应用将大量落地。八大国家大数据综合试验区引领示范作用明显，加快区域经济结构转型升级。工业大数据将在产品创新、故障诊断与预测、物联网管理、供应链优化等方面不断创造价值，持续引领工业转型升级。

知识链接

智慧社会是指基于大数据、人工智能的基础设施和规则，社会各界积极参与，有效利用前沿科技，从而形成基于智能和数据的生产、生活、治理循环驱动的创新社会形态。建设智慧社会是人类社会发展进程中的一次全方位、系统性变革，将深刻改变人们的生产和生活方式，深刻改变个人、企业、政府、社会之间的互动关系，深刻改变社会治理模式。

目前，我国的智慧社会建设正处于从理念向实践转化的阶段，一些地方在智慧城市的基础上着力推进智慧社会建设。但是智慧社会要实现真正智慧，需要解决好思想观念问题、“信息孤岛”问题、技术瓶颈问题和制度机制问题。

实践体验

收集相关材料，调研1970—2020年这50年中，我国社会发生了哪些变化？这些变化当中，哪些是与信息技术的发展息息相关的？它们对人们的生活、工作产生了什么样的影响？

任务二　认识信息系统

任务描述

通过本任务了解信息系统的详细组成以及各个组成部分所起的作用，自行思考要采取怎样的措施对其进行维护，并填写表 1-3。

表1-3　项目一任务二用表

组成部分	主要内容	所起作用	维护措施

任务提示

可通过自行搜集相关资料了解信息系统的组成部分及其作用，也可以通过教师讲解来了解详细信息。

任务完成

通过相关途径了解信息系统组成部分的详细信息后，自己拓展思维，思考如何做才能维护好各个组成部分，并结合自己的思考，填写表 1-3。

必备知识

一、信息系统的组成

1. 信息系统组成的基本要素

信息系统的组成部件包括硬件、软件、数据库、网络、人员以及把数据处理成信息的规程等。

（1）硬件由执行输入、处理和输出行为的计算机设备组成。输入设备包括键盘、自动扫描设备、语音识别设备等。

（2）软件由管理计算机运行的程序构成。软件包括设备驱动程序、系统软件、数据库管理系统、中间件、应用软件等。

（3）数据库是经过机构化、规范化组织后的事实和信息的集合。数据库是信息系统中最有价值和最重要的部分之一。

（4）网络负责信息在信息系统各个部件之间以及在信息系统之间的有序流动。网络中的链路层（信息用比特表达）和物理层（信息以电气状态存在）又称为通信子系统。连接信息系统内部主要部件的网络称为内部网，连接不同信息系统的网络称为网间网。系统的开放性特点要求信息系统互联要遵从一致的协议、统一的命名规则和地址空间，而因特网（Internet）就是目前连接全球绝大多数商用信息系统的网间网，遵从的网络协议是 TCP/IP。

（5）人员是信息系统中最重要的因素。信息系统人员包括所有管理、运行、编写和维护系统的人。

（6）规程包括战略、政策、方法、制度和使用信息系统的规则。

2. 计算机的主要硬件

计算机硬件系统是计算机系统中由电子元件、器械元件和光电元件等组成的各种物理装置的总称。这些物理装置按系统结构的要求构成一个有机整体，为计算机软件系统的运行提供物质基础。微型计算机由主机和输入、输出设备组成，如图 1-1 所示。

图 1-1　微型计算机的组成

主机包含主板、CPU 和存储器等，输入、输出设备包含键盘、鼠标和显示器、打印机等。

（1）主板。主板又称为系统主板，用于连接计算机的多个部件，是微型计算机最基本、最主要的部件之一。

（2）CPU。CPU 是计算机的主要设备之一，是整个计算机系统的控制中心，其功能主要是解释计算机指令及处理计算机软件中的数据。

（3）存储器。存储器是计算机的记忆和存储部件，用于存放信息。存储器按功能的不同可分为内存储器（简称内存或主存）和外存储器（简称外存或辅存）。内存存取速度快，但容量较小；外存相对存取速度慢，但容量较大。

视频
数制转换

二、数制及其转换

数制是用一组固定的数字符号和一个统一的计数规则表示数值的方法。在日常生活中用得最多的是十进制，有时也使用非十进制的计数方法。例如，计时采用六十进制，60 秒为 1 分，60 分为 1 小时。

计算机内部的电子部件只有判断电流“通”“断”（或电压“高”“低”）两种工作状态的能力，因此计算机能够直接识别的是二进制数，即 0 和 1。计算机中字符、图像、声音等信息都必须使用以 0 和 1 组成的二进制数来表示和处理。

常用的数制有十进制、二进制、八进制、十六进制。下面介绍各进制数的表示方法。

（1）十进制数。十进制数由 0，1，2，3，4，5，6，7，8，9 组成，基数为 10，按照逢十进一的计数规则进行运算。

（2）二进制数。二进制数由 0 和 1 组成，基数为 2，按照逢二进一的计数规则进行运算。二进制数 1011.11 按权展开的形式为：

$$(1011.11)_2=1\times2^3+0\times2^2+1\times2^1+1\times2^0+1\times2^{-1}+1\times2^{-2}$$

（3）八进制数。八进制数由 0，1，2，3，4，5，6，7 组成，基数为 8，按照逢八进一的计数规则进行运算。八进制数 1261.11 按权展开的形式为：

$$(1261.11)_8=1\times8^3+2\times8^2+6\times8^1+1\times8^0+1\times8^{-1}+1\times8^{-2}$$

（4）十六进制数。十六进制数由 0，1，2，3，4，5，6，7，8，9，A，B，C，D，E，F 组成（A 表示 10，B 表示 11，C 表示 12，D 表示 13，E 表示 14，F 表示 15），基数为 16，按照逢十六进一的计数规则进行运算。十六进制数 3DF6.AD 按权展开的形式为：

$$(3DF6.AD)_{16}=3\times16^3+13\times16^2+15\times16^1+6\times16^0+10\times16^{-1}+13\times16^{-2}$$

提示： 基数是指用该进制表示数值时所用到的数字符号的个数；位权是一个以基数为底的指数，即 R^i，其中 R 代表基数，i 是数位的序号。

通常，我们可以用 B（binary）表示二进制数，用 O（octonary）表示八进制数，用 D（decimal）表示十进制数，用 H（hexadecimal）表示十六进制数。例如，100 对应的二进制数、八进制数、十进制数、十六进制数可分别表示为 100B、100O、100D、100H。对于十进制数，通常可将 D 省略。

各进制数之间可以相互转换。将数值从一种数制转换为另一种数制的过程称为数制间的转换。

（1）将非十进制数转换为十进制数。将非十进制数转换为十进制数只需把各数位的值乘以该位位权，再按十进制加法相加即可。这种方法称为“位权法”。

【例 1–1】 将二进制数 1011.11 转换为十进制数。

【解】 $(1011.11)_2=1\times2^3+0\times2^2+1\times2^1+1\times2^0+1\times2^{-1}+1\times2^{-2}=8+0+2+1+0.5+0.25=11.75$

【例 1–2】 将八进制数 125.2 转换为十进制数。

【解】 $(125.2)_8=1\times8^2+2\times8^1+5\times8^0+2\times8^{-1}=64+16+5+0.25=85.25$

【例 1–3】 将十六进制数 6DF.8 转换为十进制数。

【解】 $(6DF.8)_{16}=6\times16^2+13\times16^1+15\times16^0+8\times16^{-1}=1536+208+15+0.5=1759.5$

（2）将十进制数转换为非十进制数。对于将十进制数转换为非十进制数，整数部分和小数部分的转换方法不同，故应分别对两部分进行转换。下面以将十进制数转换为二进制数为例进行介绍。

【例 1–4】 将十进制数 156.625 转换成二进制数。

【解】

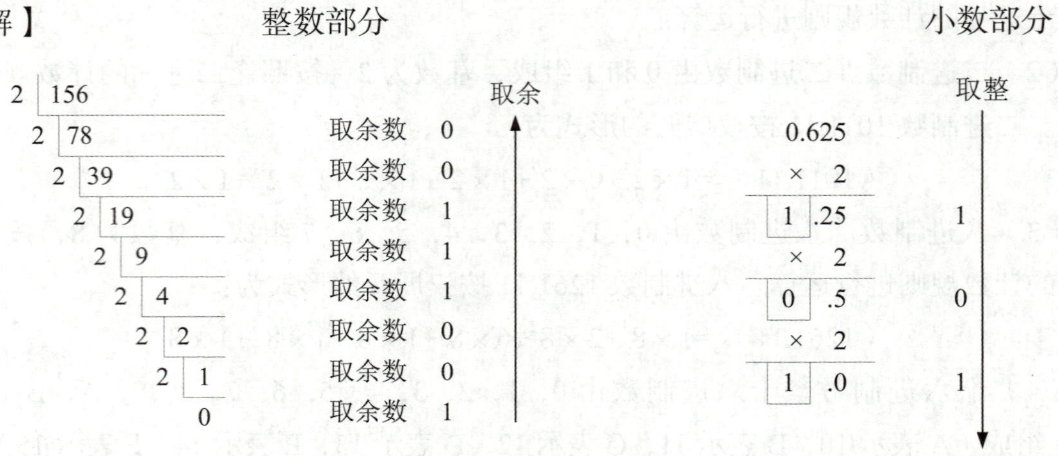

156=（10011100）$_2$　　　　　　0.625=（0.101）$_2$

结果为（156.625）$_{10}$=（10011100.101）$_2$

将十进制数转换为八进制数、十六进制数的原理与转换为二进制数相同，在此不再赘述。

（3）二进制数与八进制数之间的相互转换。由于 2^3=8，即 3 位二进制数可以对应 1 位八进制数，利用这种对应关系，可以方便地实现二进制数和八进制数之间的相互转换。

①二进制数转换为八进制数。以小数点为界，整数部分从右向左每 3 位分为一组，若不够 3 位时，在左面补“0”，补足 3 位；小数部分从左向右每 3 位分为一组，不足位右面补“0”，然后将每 3 位二进制数用 1 位八进制数表示，即可完成转换。

【例 1–5】 将二进制数 10011101.11 转换为八进制数。

【解】（10011101.11）$_2$=（$\underline{010}\ \underline{011}\ \underline{101}.\underline{110}$）$_2$=（235.6）$_8$

②八进制数转换为二进制数。将每位八进制数用 3 位二进制数替换，按照原有的顺序排列，即可完成转换。

【例 1–6】 将八进制数 543.7 转换为二进制数。

【解】（543.7）$_8$=（$\underline{101}\ \underline{100}\ \underline{011}.\underline{111}$）$_2$=（101100011.111）$_2$

（4）二进制数与十六进制数之间的转换。由于 2^4=16，即 4 位二进制数可以对应 1 位十六进制数，与二进制和八进制的关系类似，利用这种对应关系，可以方便地实现二进制数和十六进制数之间的相互转换。

①二进制数转换为十六进制数。以小数点为界，整数部分从右向左每 4 位分为一组，若不够 4 位时，在左面补“0”，补足 4 位；小数部分从左向右每 4 位分为一组，不足位右面补“0”，然后将每 4 位二进制数用 1 位十六进制数表示，即可完成转换。

【例 1–7】 将二进制数 10111000010.111 转换为十六进制数。

【解】（10111000010.111）$_2$=（$\underline{0101}\ \underline{1100}\ \underline{0010}.\underline{1110}$）$_2$=（5C2.E）$_{16}$

②十六进制数转换二进制数。将每位十六进制数用 4 位二进制数替换，按照原有的顺序排列，即可完成转换。

【例 1–8】 将十六进制数 37D.5 转换为二进制数。

【解】$(37D.5)_{16}=(\underline{0011}\ \underline{0111}\ \underline{1101}.\underline{0101})_2=(1101111101.0101)_2$

三、信息编码及存储

计算机中的信息都是用二进制编码表示的，用来表示字符的二进制编码称为字符编码。

1. 西文字符编码

计算机中最常用的字符编码是美国信息交换标准码（American standard code for information interchange，ASCII），被国际标准化组织制定为国际标准。ASCII 代码有 7 位码和 8 位码两种版本。国际上通用的是 7 位 ASCII 代码，用 7 位二进制数表示一个字符的编码，共有 2^7=128 个不同的编码值，相应地可以表示 128 个不同字符的编码，见表 1-4。

表1-4　标准ASCII代码字符表

编码	000	001	010	011	100	101	110	111
0000	NUL	DLE	SP	0	@	P	`	p
0001	SOH	DC1	!	1	A	Q	a	q
0010	STX	DC2	“	2	B	R	b	r
0011	ETX	DC3	#	3	C	S	c	s
0100	EOT	DC4	$	4	D	T	d	t
0101	ENQ	NAK	%	5	E	U	e	u
0110	ACK	SYN	&	6	F	V	f	v
0111	BEL	ETB	‘	7	G	W	g	w
1000	BS	CAN	(	8	H	X	h	x
1001	HT	EM	)	9	I	Y	i	y
1010	LF	SUB	*	:	J	Z	j	z
1011	VT	ESC	+	;	K	[	k	{
1100	FF	FS	,	<	L	\	l	|
1101	CR	GS	–	=	M	]	m	}
1110	SO	RS	.	>	N	^	n	~
1111	SI	US	/	?	O	_	o	DEL

2. 国标码和区位码

汉字信息交换码简称为交换码，也称作国标码。

（1）国标码规定了 7 445 个字符编码，其中有 682 个非汉字图形符和 6 763 个汉字代码。国标码有一级常用字 3 755 个，二级常用字 3 008 个。一级常用字按照汉语拼音字母排序，二级常用字按照偏旁部首排序，部首顺序按笔画排序。

（2）两个字节存储一个国标码，每个字符的最高位都是0。国标码的编码范围是2121H～7E7EH。

（3）与西文的ASCII码表类似，国标码也有一张码表，7 445个国标码放在一个94行×94列的表中。其中每一行称为一个汉字的“区”，用区号表示；每一列称为一个汉字的“位”，用位号表示。一个汉字的区号和位号的组合就是该汉字的“区位码”。

（4）区位码和国标码之间的转换有两个步骤。

①将十进制的区号和十进制的位号分别转换为十六进制。

②将转换后的十六进制的区号和位号分别加上20H，就成为该汉字的国标码，即汉字国标码＝区位码的十六进制区位号数+2020H。

3. 其他汉字编码

其他汉字编码包括汉字输入码、汉字内码、汉字字形码和汉字地址码等。

（1）汉字输入码。汉字输入码也叫外码，是由键盘上的字符和数字组成的，目前流行的编码方案如下：

①声码：全拼输入法、双拼输入法等。

②形码：五笔输入法。

③音形码：自然码输入法。

（2）汉字内码。汉字内码是在计算机内部对汉字进行存储、处理的汉字代码，它应能满足存储、处理和传输的要求。一个汉字被输入计算机以后就被转换为内码，然后才能在机器内传输和处理。内码需要两个字节存储，每个字节以最高位置“1”作为内码的标识。国标码和内码的关系可以表示为汉字的内码＝汉字的国标码+8080H。

（3）汉字字形码。汉字字形码又称为汉字字模，用于汉字在显示屏显示或打印机输出。汉字字形码通常有两种表示方式，即点阵和矢量。

用点阵表示字形时，汉字字形码指的是这个汉字字形点阵的代码。根据输出汉字的要求不同，点阵的多少也不同。简易型的汉字为16×16点阵，普通型的汉字为24×24点阵，提高型的汉字为32×32点阵、48×48点阵等。点阵规模越大，字形就越清晰美观，所占用的存储空间也就越大。两级汉字大约占用256 KB。用点阵表示字形的缺点是字形放大后的效果较差。

矢量表示方式存储的是描述汉字字形的轮廓特征，当要输出汉字时，通过计算机的计算，由汉字字形描述生成所需大小和形状的汉字点阵。矢量化字形描述与最终文字显示的大小、分辨率无关，因此可以产生高质量的汉字输出。

（4）汉字地址码。汉字地址码是指汉字库中存储汉字字形信息的逻辑地址码，需要向输出设备输出汉字时必须通过地址码。汉字库中，字形信息都是按照一定顺序连续存放在存储介质上，所以汉字地址码大多是连续有序的，而且与汉字内码间有着简单的对应关系，以简化汉字内码到汉字地址码的转换。

4. 计算机中的数据单位

计算机的基本功能是对数据进行计算和加工处理，如处理数值、字符、图形和图像等。在计算机内部，各种信息都必须转化成 0 和 1（二进制编码）的形式后才能被传送、存储和处理。在计算机内部，所有的数据（无论是程序还是图像）都是以二进制形式存放的。下面介绍计算机中数据的组织形式。

（1）位（bit）。位是计算机存储设备的最小单位，由数字 0 和 1 组成。

（2）字节（byte，B）。一个字节由 8 个二进制位编码组成，即 1 字节等于 8 位。字节是计算机处理数据的基本单位。在计算机内部，一个字节可以表示一个数据，也可表示一个英文字母或其他字符；一个字节或几个字节还可以表示一条指令。通常，一个 ASCII 代码占一个字节，一个汉字国标码占两个字节，整数占两个字节，浮点型数据占四个字节。

（3）字（word）。CPU 处理信息一般是以一组二进制数码作为一个整体来进行运算或处理的，一次存取、处理和传输的数据长度称为字。一个字通常由一个或多个字节构成，用来存放一条指令或一个数据。

（4）字长。一个字中所包含的二进制数的位数称为字长。不同的计算机系统内部的字长是不同的，计算机中常用的字长有 8 位、16 位、32 位和 64 位等，也就是经常说的 8 位机、16 位机、32 位机和 64 位机。一个字长可以表示许多不同的内容，字长越长表示一次处理的信息越多，处理的数字位数越多，速度也就越快。字长是衡量计算机性能的一个重要标志。

（5）存储容量。某个存储设备所能容纳的二进制信息量的总和称为该存储设备的存储容量。存储容量用字节数来表示，1 024 B=1 KB，1 024 KB=1 MB，1 024 MB=1 GB，1 024 GB=1 TB。

目前，微型计算机的存储容量已从刚开始的几兆字节（MB）发展到现在的几百吉字节（GB）至几千吉字节。

实践体验

（1）根据所学到的知识，画出信息系统的组成结构图。

（2）将二进制数010010011001分别转换成八进制数、十进制数和十六进制数。

任务三　选用和连接信息技术设备

任务描述

信息技术一班要在会议室开一个小组会，讨论信息技术在现阶段的应用情况。会议组织者需要将电子材料打印出来，分发给各个与会者，然后利用演示文稿进行讲解。试想一下，要想顺利完成该会议，需要用到哪些信息技术设备？各个设备的作用是什么？填写表 1-5。

表1-5　项目一任务三用表

信息技术设备	作用描述

任务提示

开会所需的材料需要提前打印出来，所以需要用到打印机。会议中需要用演示文稿进行演示，所以需要用到投影仪、笔记本电脑、鼠标等。另外如果参会人数比较多，会议室比较大，那么还可能用到麦克风。

任务完成

在完成本任务时，因为各个学校各个班级的情况不同，所以应根据实际情况填写表 1-5。

必备知识

一、常见信息技术设备的类型与特点

1. 计算机

与人类自身或其他工具相比，计算机具有以下特点：

（1）运算速度快。计算机的运算部件采用的是电子器件，其运算速度远非其他计算工具所能比，且还以每隔几个月提高一个数量级的速度在快速发展。

知识链接

神威·太湖之光超级计算机（Sunway Taihu Light）是由国家并行计算机工程技术研究中心研制，安装在国家超级计算无锡中心的超级计算机。神威·太湖之光超级计算机安装了 40 960 个中国自主研发的“申威 26010”众核处理器，该众核处理器采用 64 位自主申威指令系统，峰值性能为 12.54 京次/秒，持续性能为 9.3 京次/秒（1 京为 1 亿亿）。

（2）存储容量大。计算机的存储性是计算机区别于其他计算工具的重要特征。计算机的存储器可以把原始数据、中间结果、运算指令等存储起来，以备随时调用。存储器不但能够存储大量的信息，而且能够快速准确地存入或取出这些信息。

（3）通用性强。通用性是计算机能够应用于各种领域的基础。任何复杂的任务都可以分解为大量基本的算术运算和逻辑操作，计算机程序员将这些基本的运算和操作按照一定规则（算法）写成一系列操作指令，加上运算所需的数据，形成适当的程序，就可以完成各种各样的任务。

（4）工作自动化。计算机内部的操作运算是根据预先编制的程序自动控制执行的。只要将包含一连串指令的处理程序输入计算机，计算机便会依次取出指令，逐条执行，完成各种规定的操作，直到得出结果为止。

（5）精确性和可靠性高。计算机的可靠性很高，差错率极低，一般只在人工介入的地方才有可能发生错误。由于计算机内部独特的数值表示方法，使得其有效数字的位数相当长，可达百位以上甚至更高，满足了人们对精确计算的需要。

2. 移动终端

移动终端或称移动通信终端，原指可以在移动中使用的计算机设备，近年来普遍认定为移动智能终端。移动智能终端拥有接入互联网能力，通常搭载各种操作系统，可根据用户需求定制各种功能。生活中常见的智能终端包括移动智能终端、车载智能终端、智能电视、可穿戴设备等。

移动终端，特别是移动智能终端，具有以下特点：

（1）在硬件体系上，移动终端具备中央处理器、存储器、输入部件和输出部件。也就是说，移动终端往往是具备通信功能的微型计算机设备。另外，移动终端支持多种输入、输出的方式，如键盘、鼠标、触摸屏、摄像头和显示屏等，并可以根据需要进行调整。

（2）在软件系统上，移动终端具备操作系统，如 Android、iOS 等。同时，基于这些操作系统平台的个性化应用软件层出不穷，如日程表、记事本、计算器及各类游戏等，极大程度地满足了用户的个性化需求。

（3）在通信能力上，移动终端具有灵活的接入方式和高带宽通信功能，并且能根据所选择的业务和所处的环境，自动调整所选的通信方式，从而方便用户使用。移动终端支持 Wi-Fi 及 WiMAX 等，可以适应多种制式网络，不仅支持语音业务，还支持多种无线数据业务。

（4）在功能使用上，移动终端更加注重人性化、个性化和多功能化。随着计算机技术的发展，移动终端从“以设备为中心”的模式进入“以人为中心”的模式，集成了嵌入式计算、控制计算、人工智能技术及生物认证技术等，充分体现了以人为本的宗旨。由于软件技术的发展，移动终端可以根据个人需求调整设置，更加个性化。同时，移动终端本身集成了众多软件和硬件，功能也越来越强大。

3. 其他外围设备

其他外围设备如打印机、扫描仪、投影仪、耳机、麦克风、音箱、摄像头、数码相机、摄像机等，也是常见的信息技术设备。

外围设备作为计算机和移动终端的辅助设备，通常具有连接简单、功能转移、使用方便等特点。它们有效地拓展了计算机和移动终端的功能范围，提升了用户的使用体验。

二、常见信息技术设备的主要性能指标

1. 计算机

计算机的主要性能指标有以下几点：

（1）CPU 内核。CPU 内核是 CPU 最重要的组成部分，它决定 CPU 的处理能力。CPU 所有的计算、接收 / 存储命令、处理数据等都由 CPU 内核完成。当前常见的 CPU 内核数量为四内核，此外还有六内核、八内核甚至更多。通常来说，CPU 内核越多，CPU 的性能就越好。

（2）CPU 主频。CPU 主频表示 CPU 内数字脉冲信号振荡的速度。CPU 主频越高，CPU 在一个时钟周期内所能完成的指令数就越多，CPU 的运算速度也就越快。

（3）字长。一般来说，计算机在同一时间内处理的一组二进制数称为一个计算机的字，而这组二进制数的位数就是字长。在其他指标相同的情况下，字长越长，计算机处理数据的速度就越快。当前主流的 CPU 字长为 64 位。

（4）运算速度。运算速度是指计算机每秒钟所能执行的指令条数，一般用百万条指令 / 秒（MIPS）来表示。

（5）内存储器容量。内存储器（主存、内存）是 CPU 可以直接访问的存储器，需要执行的程序与需要处理的数据存放在内存储器中。内存储器的性能指标主要包括存储

容量和存取速度。当前主流的内存储器容量为 8 GB 和 16 GB。

（6）外存储器容量。外存储器容量越大，可以存储的信息就越多。外存储器主要是指硬盘，当前主流的硬盘可分为机械硬盘和固态硬盘两种。相对机械硬盘而言，固态硬盘存储速度更快，但容量较小，现在主流的固态硬盘容量为 500 GB，而主流的机械硬盘存储容量为 1 TB 和 2 TB。

知识链接

SSD 是固态硬盘，它的优点是存储速度快，日常的读写比机械硬盘快几十倍到上百倍，缺点是单位成本高，不适合做大容量存储。

HDD 是机械硬盘，它的优点是单位成本低，适合做大容量存储，但速度远不如 SSD。

（7）兼容性。兼容性是指硬件之间、软件之间、软硬件之间相互协调工作的程度。

2. 智能手机

（1）CPU。和计算机一样，手机的核心部件之一也是 CPU。CPU 直接关系到手机运行的快慢、耗电量和价值。CPU 主频和内核数量是智能手机性能最重要的指标，主频越高，内核越多，手机性能也就越高。

（2）RAM（运行内存，动态内存）。RAM 用于安装 App，它在智能手机中的作用类似于计算机中的内存条，如在智能手机上实现多任务处理、粘贴和复制、运行大型游戏程序等，就非常依赖 RAM。

（3）ROM（手机内存，静态内存）。操作系统被安装在 ROM 中。ROM 的容量越大越好，目前主流的是 64 GB、128 GB 和 256 GB。

（4）屏幕分辨率。屏幕的大小、视觉效果和分辨率直接关系到使用者的感受，分辨率越高显示越清晰。目前主流的分辨率是 1 024 × 768 像素、1 280 × 768 像素、1 280 × 720 像素、1 920 × 1 080 像素等。

3. 外围设备

（1）打印机。打印机的性能指标主要有以下几点：

①分辨率。分辨率对输出质量有至关重要的影响，其是判别同类型打印机档次的主要依据。分辨率的计算单位是 dpi（dot per inch，每英寸点数），是指打印机输出时，在每英寸介质上打印出的点数。

②色彩饱和度。色彩饱和度是指打印输出一个点内彩色的饱满程度，该指标直接影响打印输出时的色彩质量。

③打印速度。不同类型打印机的输出速度相差甚远，一般来讲，激光式打印机输出

速度最快，热转换式打印机次之，喷墨式打印机最慢。

④打印幅面。A4 为普通幅面，A3 为中等幅面，只有 A2 以上才能称为大幅面。不同类型打印机关于幅面的划分各有不同。

（2）投影仪。投影仪的性能指标是区别投影仪档次高低的标志。其主要有以下几个指标：

①光输出。光输出是指投影仪输出的光能量，单位为流明（lm）。与光输出有关的一个物理量是亮度，它是指屏幕表面受到光照射发出的光能量与屏幕面积之比，亮度常用的单位是勒克斯（lx，1 lx=1 lm/m^2）。当投影仪输出的光能量一定时，投射面积越大，亮度越低；反之则亮度越高。决定投影仪光输出的因素有投影及荧光屏面积、性能及镜头性能，通常荧光屏面积越大，光输出越大。带有液体耦合镜头的投影仪镜头性能越好，投影仪光输出也越高。

②水平扫描频率（行频）。电子束在屏幕上从左至右的运动称为水平扫描，也称行扫描，每秒扫描次数为水平扫描频率。视频投影仪的水平扫描频率是固定的，为 15.625 kHz（PAL 制）或 15.725 kHz（NTSC 制），在这个频段内，投影仪可自动跟踪输入信号行频，由锁相电路实现与输入信号行频的完全同步。水平扫描频率是区分投影仪档次的重要指标。频率范围为 15 ～ 60 kHz 的投影仪通常称作数据投影仪，上限频率超过 60 kHz 的投影仪通常称作图形投影仪。

③垂直扫描频率（场频）。电子束在水平扫描的同时，又从上向下运动，这一过程叫垂直扫描。每扫描一次形成一幅图像，每秒扫描的次数为垂直扫描频率，垂直扫描频率也称刷新频率，表示这幅图像每秒刷新的次数。垂直扫描频率一般不低于 50 Hz，否则图像会有闪烁感。

④视频带宽。视频带宽是指投影仪的视频通道总的频带宽度，其定义是在视频信号振幅下降至 0.707 倍时对应的信号上限频率。0.707 倍对应的增量是 -3 db，因此又称作 -3 db 带宽。

⑤分辨率。分辨率有可寻址分辨率、RGB 分辨率和视频分辨率三种。

a. 对于 CRT 投影仪来说，可寻址分辨率是指投影管可分辨的最高像素，它主要由投影管的聚焦性能决定，是投影管质量指标的一个重要参数。可寻址分辨率应高于 RGB 分辨率。

b. RGB 分辨率是指投影仪在接 RGB 分辨率视频信号时可达到的最高像素，如分辨率为 1 024 × 768 像素，表示水平分辨率为 1 024 像素，垂直分辨率为 768 像素。RGB 分辨率与水平扫描频率、垂直扫描频率及视频带宽均有关。

c. 视频分辨率是指投影仪在显示复合视频时的最高分辨率。

除了以上的两种外围设备以外，还有其他一些常见的外围设备，如复印机、扫描仪、数码相机、摄像机、麦克风、耳机、音箱等。在选择这些设备时，需要仔细查看其规格参数说明，了解其具体的性能，根据需要进行选择。

三、连接常见信息技术设备

下面分别讲解计算机与外围设备的连接及信息技术设备接入互联网。

1. 计算机与外围设备的连接

计算机的外围设备有键盘、鼠标、显示设备、音频设备、打印机等，一般通过计算机主机的外部设备接口，使用相应线缆与计算机进行连接。

例如，计算机连接键盘或鼠标，根据键盘或鼠标线缆的接口类型，可以使用主机的 PS/2 接口或 USB 接口连接。对于无线键盘或鼠标，只需要将其配套的无线收发器插入主机的 USB 接口就可以。

2. 信息技术设备连入互联网

在信息社会的浪潮下，网络逐渐普及，大多数信息技术设备必须连入互联网才能正常工作。可以通过有线、无线等方式将信息技术设备连入互联网。

（1）通过有线方式连入互联网。计算机等信息技术设备大多配备有线网络接口，连接网络时使用 RJ-45 接口的双绞线，一端插入计算机网络接口，另一端插入网络交换机或路由器的网络接口，就可以实现计算机与本地网络的物理连接。RJ-45 网线及接口如图 1-2 所示。

图 1–2　RJ–45 网线及接口

（2）通过无线方式连入互联网。信息技术设备可通过无线方式连接网络，如通过 Wi-Fi 网络进行连接。要使用 Wi-Fi 网络，需要信息技术设备内置无线网卡，还需要一个支持 Wi-Fi 网络并接通互联网的无线路由器或无线信号收发器。在计算机进行网络连接时，要首先搜索周边的 Wi-Fi 网络设备，输入相应的安全密码后就可以进行连接。

智能手机、平板电脑等移动终端连接互联网，可通过两种方式：一种是使用 Wi-Fi 网络；另一种是连接 3G、4G、5G 等移动通信网络。通过移动通信网络连接互联网操作比较简单，只需插入移动通信供应商提供的 SIM 卡，开机后在设备屏幕顶端看到信号联通的提示符，即表明联网成功。

四、设置信息技术设备

将计算机、移动终端等信息技术设备连接好之后，默认情况下，其设置能满足需要，但是有时候可能有特别的需要，这时就需要对相关设备进行设置。查看相关设备的说明书，按照说明书的功能描述进行设置，可以将设备设置成能满足自己所需的状态。

可在系统的设置界面对相关设备进行设置，图 1-3 所示为 Windows 10 操作系统的设置界面。

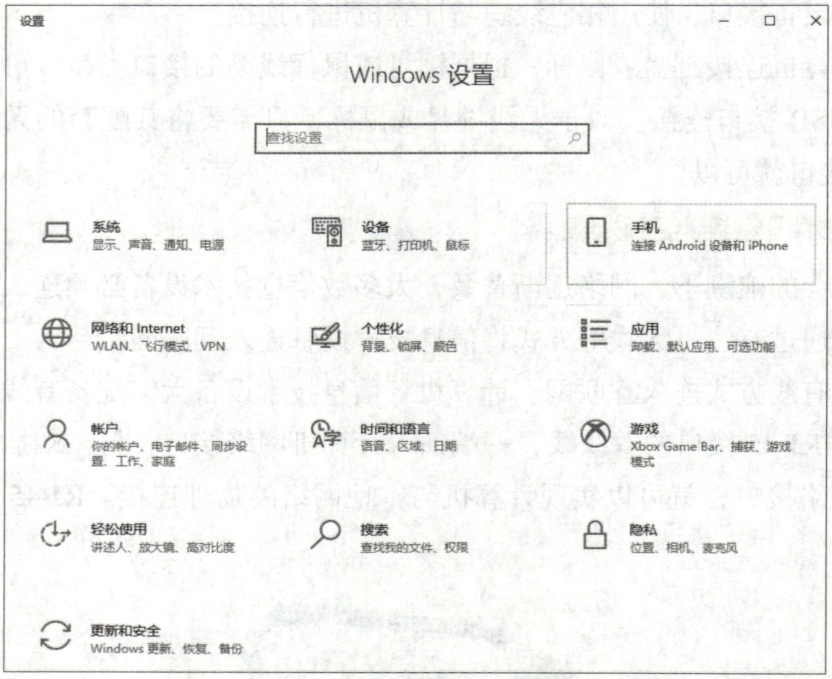

图 1-3　Windows 10 操作系统的设置界面

实践体验

调研一下，组装一台计算机需要用到哪些配件？这些配件的市场价格分别是多少？最后根据调研做一个总价格预算。

任务四 使用操作系统

任务描述

Windows 10 操作系统是微软推出的，本任务讲解安装 Windows 10 操作系统的步骤。

任务提示

安装 Windows 10 操作系统的过程与安装其他 Windows 操作系统的过程大体相似，但是要注意 Windows 10 操作系统对硬件有一定的要求。另外，还需要根据安装操作系统来源情况设置第一启动项。

任务完成

步骤 01：运行 Windows 10 安装程序，在打开的“Windows 安装程序”窗口中进行安装语言、时间格式以及输入法等的设置，然后单击“下一步”按钮，如图 1-4 所示。

提示：如果计算机不配备光驱，可采用 U 盘安装的方法。

步骤 02：进入下一个安装界面，单击“现在安装”按钮，如图 1-5 所示。

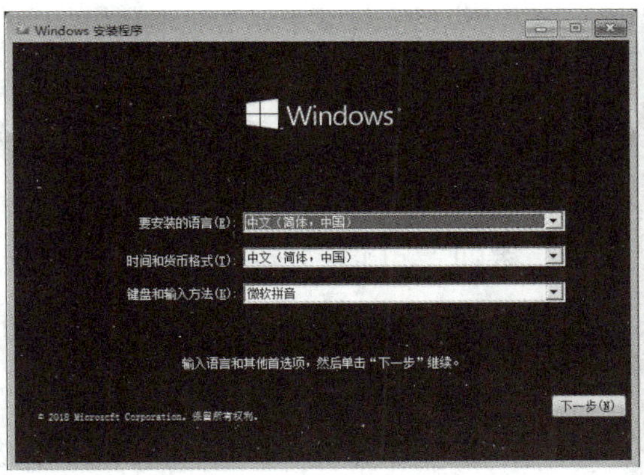

图 1-4 设置安装语言、时间和输入法

图 1-5 单击“现在安装”按钮

步骤 03：进入“安装程序正在启动”界面，显示正在启动进度，稍后进入“激活 Windows”界面，如图 1-6 所示。输入产品密钥，如果没有产品密钥，则单击“我没有产品密钥”链接。

步骤 04：进入“选择要安装的操作系统”界面，选择“Windows 10 专业版”选项，然后单击“下一步”按钮，如图 1-7 所示。

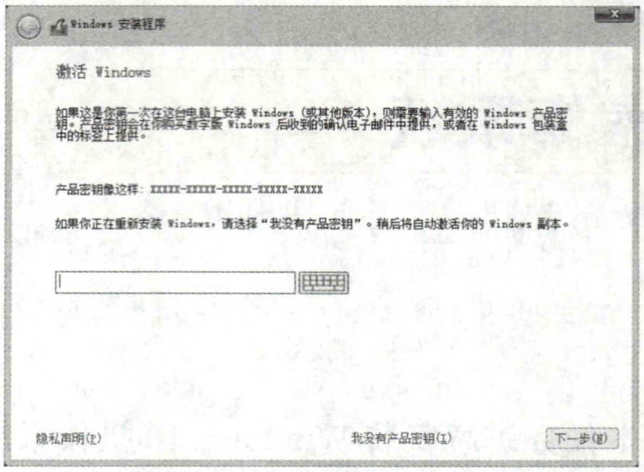

图 1-6　输入产品密钥

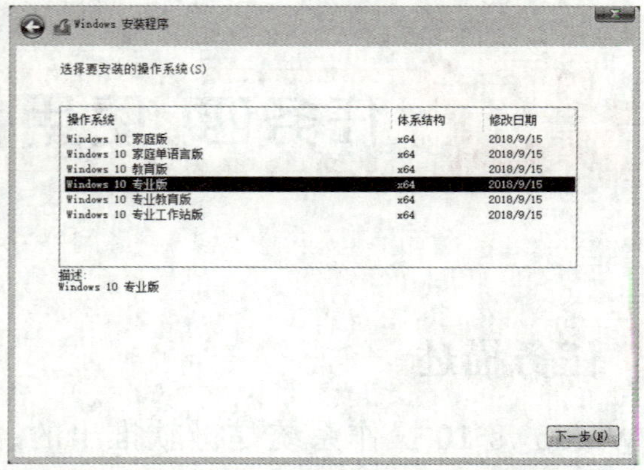

图 1-7　选择操作系统版本

步骤 05：进入“适用的声明和许可条款”界面，选中“我接受许可条款”复选框，然后单击“下一步”按钮，如图 1-8 所示。

步骤 06：进入“你想执行哪种类型的安装”界面，选择第一个选项，如图 1-9 所示。

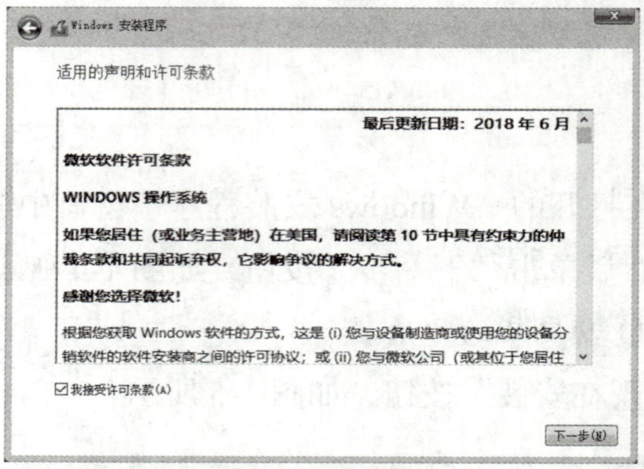

图 1-8　接受许可条款

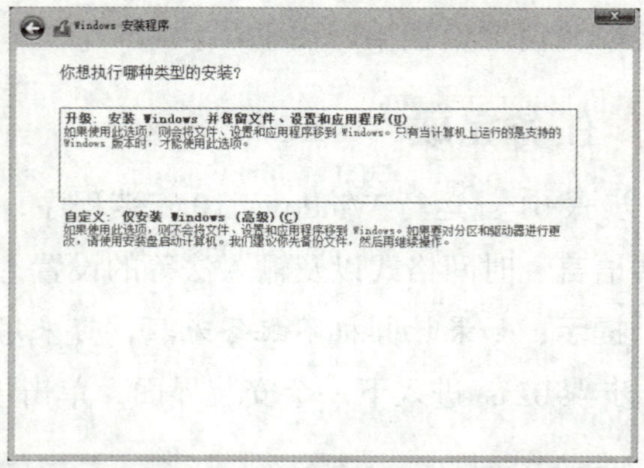

图 1-9　选择安装类型

步骤 07：进入“你想将 Windows 安装在哪里”界面，单击“新建”按钮，新建多个磁盘分区，并将新建分区的容量分别调整为 19.5 GB 和 10 GB。

步骤 08：选择多余的磁盘分区，单击“删除”按钮，可将多余的磁盘分区删除。

步骤 09：选择需要格式化的磁盘分区，单击“格式化”按钮，格式化磁盘分区，其最终的磁盘分区如图 1-10 所示。

步骤 10：单击“下一步”按钮，进入“正在安装 Windows”界面，开始安装 Windows 10 操作系统，界面显示系统安装进度，如图 1-11 所示。

步骤 11：系统安装完成后，进入“启动服务”界面，开始启动 Windows 10 系统。

步骤 12：稍后进入“准备就绪”界面，显示准备进度。

步骤 13：进入“基本”选项卡下的“让我们先从区域设置开始”界面，设置系统的安装区域为“中国”，单击“是”按钮，如图 1-12 所示。

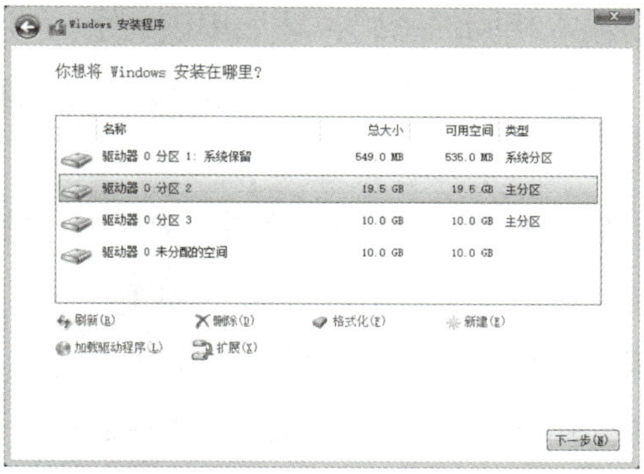

图 1-10　设置磁盘分区

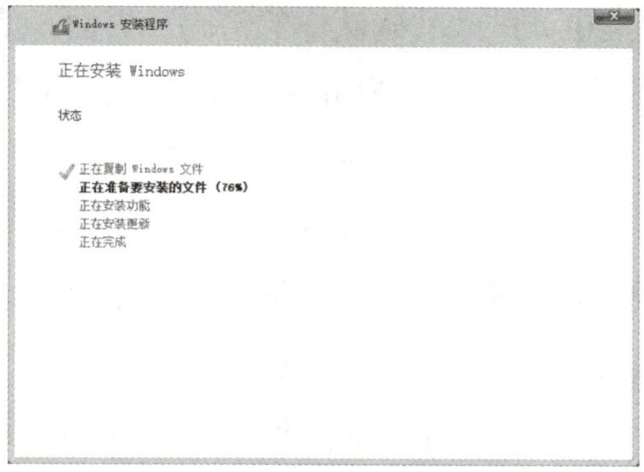

图 1-11　显示系统安装进度

步骤 14：进入“这种键盘布局是否合适”界面，选择“微软拼音”键盘布局，单击“是”按钮，如图 1-13 所示。

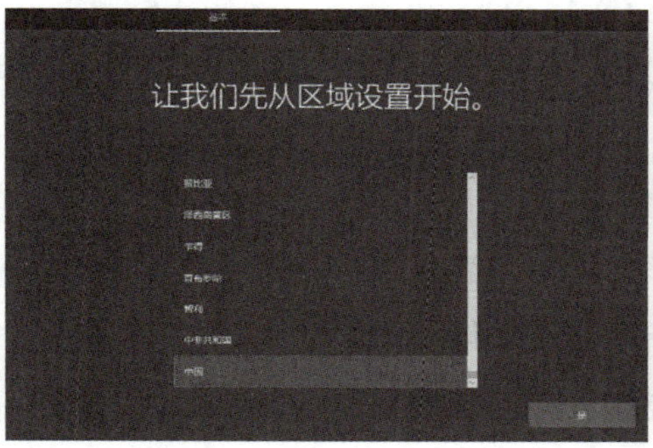

图 1-12　选择系统区域

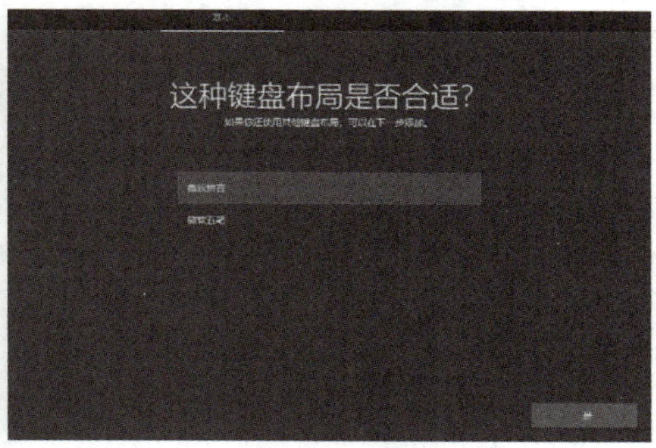

图 1-13　选择键盘布局

步骤 15：进入“是否要添加第二种键盘布局”界面，单击“跳过”按钮。

步骤 16：进入“让我们为你连接到网络”界面，开始连接网络，如果不想现在连接网络，则可以单击“现在跳过”链接。

步骤 17：进入“立即连接以在以后节省时间”界面，单击“否”按钮。

步骤 18：进入“谁将会使用这台电脑”界面，输入账户名“豆蔻”，然后单击“下一步”按钮，如图 1-14 所示。

步骤 19：进入“创建容易记住的密码”界面，输入账户密码，单击“下一步”按钮，如图 1-15 所示。

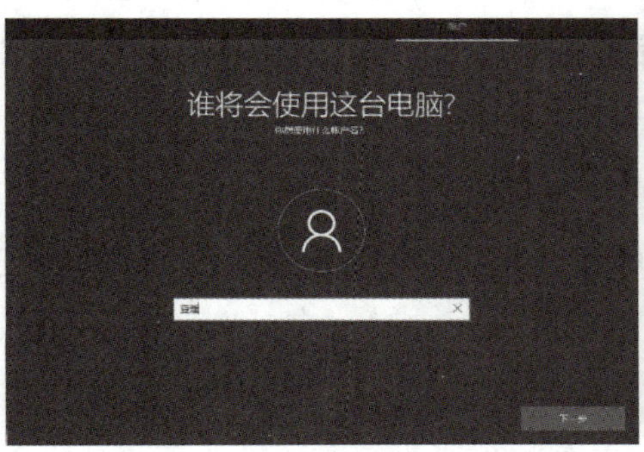

图 1-14　输入账户名

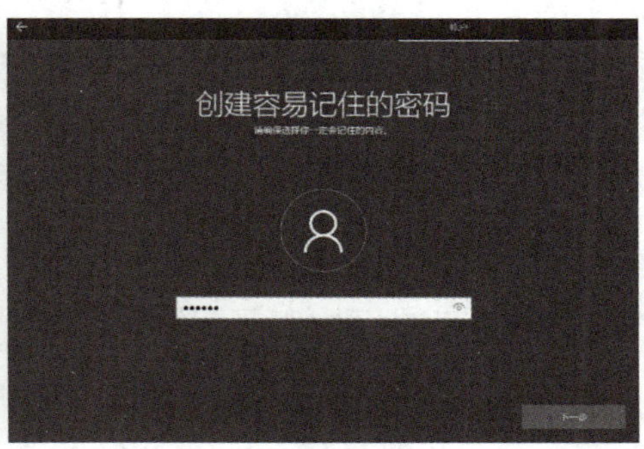

图 1-15　输入账户密码

步骤 20：进入“确认你的密码”界面，重新输入相同的密码，然后单击“下一步”按钮。

步骤 21：进入“为此账户创建安全问题”界面，设置三个安全问题，并输入对应的答案，然后单击“下一步”按钮。

步骤 22：进入“是否让 Cortana 作为你的个人助理”界面，单击“接受”按钮。

步骤 23：进入“在具有活动历时记录的设置中执行更多操作”界面，单击“是”按钮。

步骤 24：进入“为你的设备选择隐私设置”界面，单击“接受”按钮。

步骤 25：开始正式启动 Windows 10 程序，稍后进入 Windows 10 操作系统的桌面，至此 Windows 10 操作系统安装完成。

必备知识

一、认识操作系统

操作系统是计算机系统中最重要的软件系统。计算机拥有繁多的硬件资源和软件资源，且要同时运行不同的程序，若由用户来管理这些资源，可能会阻碍计算机的普及。因此，计算机中需要有一个可以帮助用户管理各种资源的特权软件，在计算机系统中扮演管家的角色，这个管家就是操作系统，它主要负责管理计算机中的硬件和软件资源。

在计算机的操作系统中，通常设有进程管理、文件管理、设备管理、存储管理和作业管理等功能模块，它们相互配合，共同完成操作系统既定的全部职能。

1. 进程管理

进程是程序在计算机上的一次执行活动，它是操作系统进行资源分配的单位。当用户运行一个程序时，就启动了一个进程。进程管理主要包括进程组织、进程控制、进程调度和进程通信等。

2. 文件管理

文件是指存储在磁盘上的信息集合，包括文字、图形、图像、声音、视频和程序等。计算机是以文件的形式来存放信息的。文件管理是指操作系统对信息资源的管理。

3. 设备管理

设备管理是指操作系统负责管理各类外围设备（简称“外设”）。其主要任务是当用户使用外设时必须提出要求，待操作系统进行统一分配后方可使用。当用户运行的程序要使用某外设时，由操作系统负责驱动外设。

4. 存储管理

存储管理主要是指针对内存的管理。它的主要任务是分配内存空间，保证各作业占用的存储空间不冲突，并使各作业（每个用户请求计算机系统完成一次独立的操作称为作业）在自己所属存储区中互不干扰。

5. 作业管理

作业管理就是对作业的执行情况进行管理，包括作业的输入和输出、作业的调度与控制。

二、熟悉主流的操作系统

操作系统分不同的版本，每个版本的应用环境各不相同。下面介绍目前主流的几个操作系统。

1. UNIX

1969 年，美国 AT&T 公司贝尔实验室的工作人员研发了 UNIX，起初研发者只是对 UNIX 比较感兴趣，关于 UNIX 的第一篇文章发表后便引起了学术界的广泛关注，各个大学和公司开始尝试基于 UNIX 源码进行各种改进和拓展，UNIX 逐渐开始流行。20 世纪 70 年代，AT&T 公司注意到 UNIX 的商业价值，便开始采取一些手段来保护 UNIX。UNIX 属于支持多用户、多任务的分时操作系统，具有易读、易修改、易移植且安全性、保密性和可维护性较高的特点。只有符合单一 UNIX 规范的 UNIX 系统才可以称为 UNIX，否则只能称为类 UNIX。

2. Linux

Linux 属于类 UNIX 操作系统，是由林纳斯・托瓦兹及其团队开发完成的。Linux 拥有图形界面和字符界面，支持多用户、多任务，保证各用户之间互不影响，且多个程序可同时独立运行。Linux 可以在多种硬件平台上运行，如手机、平板电脑、台式计算机、大型机和超级计算机。

3. Windows

Windows 系统问世于 1985 年，是由微软公司研发的基于图形用户界面的操作系统，相比于 DOS 操作系统，它的操作方式更人性化，深受大众喜爱，这使其很快成为个人计算机上使用比较广泛的操作系统。目前，个人计算机上所使用的操作系统主要包括 Windows 7、Windows 8、Windows 10，服务器上安装的主要是 Windows Server 2008、Windows Server 2012。

4. macOS 与 iOS

macOS 是首个在商用领域获得成功的图形用户界面操作系统，它运行于苹果计算机上，具有形象的图标，能实现人机对话。

iOS 是苹果公司开发的移动操作系统，属于类 UNIX 操作系统，最初是设计给 iPhone 使用的，后来陆续应用到 iPod touch、iPad 以及 Apple TV 等产品上。

5. Android

Android 是基于 Linux 的操作系统，最初是由安迪・鲁宾开发的，主要用于手机。随后谷歌公司收购注资，继续开发此系统，并公布了 Android 的源代码。随着程序员的不断开发更新，Android 逐渐扩展到了其他领域。2011 年，Android 在全球的市场份额首次跃居第一。目前，Android 是基于 Linux 移动平台的主流操作系统。

三、认识 Windows 10 操作系统的界面

1. Windows 10 桌面

登录 Windows 10 操作系统后，首先展现在用户视线前面的就是桌面。用户完成的各种操作都是在桌面上进行的，它包括桌面背景、桌面图标、任务栏和“开始”按钮等部分。

（1）桌面背景。桌面背景是指 Windows 桌面的背景图案，又称为桌布或墙纸，用户可以根据自己的喜好更改桌面的背景图案。

（2）桌面图标。桌面图标由一个形象的小图片和说明文字组成，图片是它的标识，文字则表示它的名称或功能。

在 Windows 10 中，所有的文件、文件夹及应用程序都用图标来形象地表示，双击这些图标就可以快速地打开文件、文件夹或应用程序。例如，双击“此电脑”图标即可打开“计算机”窗口。

（3）任务栏。任务栏是位于屏幕底部的水平长条，与桌面不同的是，桌面可以被打开的窗口覆盖，而任务栏几乎始终可见。任务栏主要由程序按钮、通知区域和“显示桌面”按钮三部分组成。

在 Windows 10 中，任务栏是全新的设计，它拥有新外观，除了依旧能在不同的窗口之间进行切换外，Windows 10 的任务栏更加方便，功能更加强大和灵活。

（4）“开始”按钮。单击任务栏左侧的“开始”按钮，即可打开“开始”菜单。

2. Windows 10 窗口的组成

在 Windows 10 中，虽然各个窗口的内容各不相同，但所有的窗口都有一些共同点：一方面，窗口始终显示在桌面上；另一方面，大多数窗口具有相同的基本组成部分。双击桌面上的“此电脑”图标，弹出“此电脑”窗口，可以看到窗口一般由控制按钮区、地址栏、搜索栏、菜单栏、导航窗格、工作区和状态栏等部分组成，如图 1-16 所示。

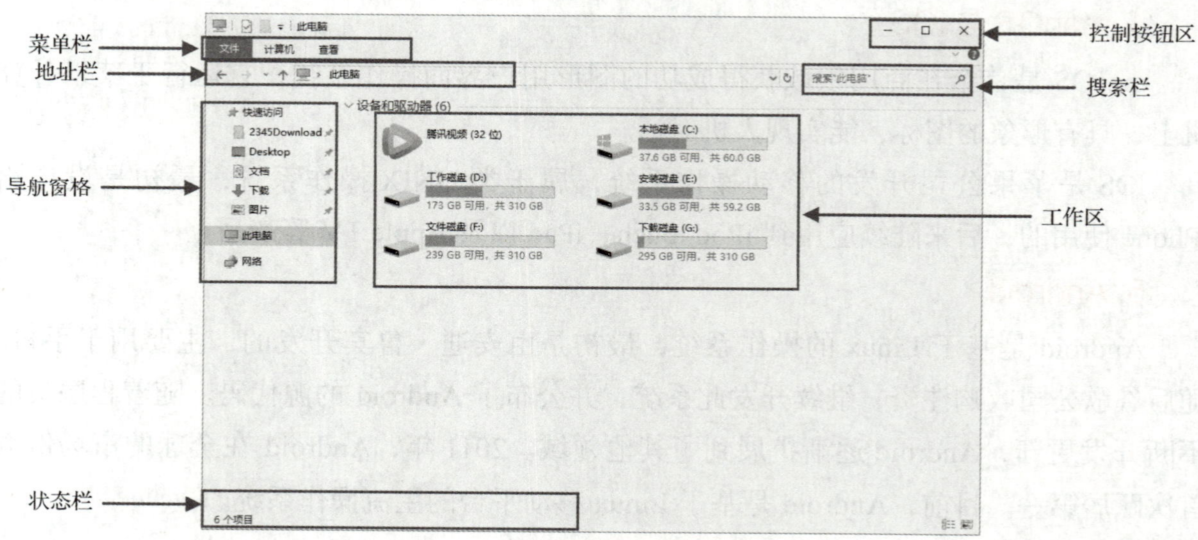

图 1-16 “此电脑”窗口

（1）控制按钮区。在控制按钮区有三个窗口控制按钮，分别为“最小化”按钮、“最大化”按钮和“关闭”按钮。

（2）地址栏。显示文件和文件夹所在的路径，通过它还可以访问互联网中的资源。

（3）搜索栏。将要查找的目标名称输入搜索栏文本框中，然后按 Enter 键或者单击“搜索”按钮即可。窗口中搜索栏的功能和“开始”菜单中搜索框的功能相似，只不过在此处只能搜索当前窗口范围内的目标，可以添加搜索筛选器，以便能更精确、更快捷地搜索到所需的内容。

（4）菜单栏。一般来说，可将菜单分为快捷菜单和下拉菜单两种。在窗口菜单栏中存放的就是下拉菜单，每一项都是命令的集合，用户可以通过选择其中的菜单项进行操作。例如，单击“查看”选项卡，显示“查看”界面，如图 1-17 所示。

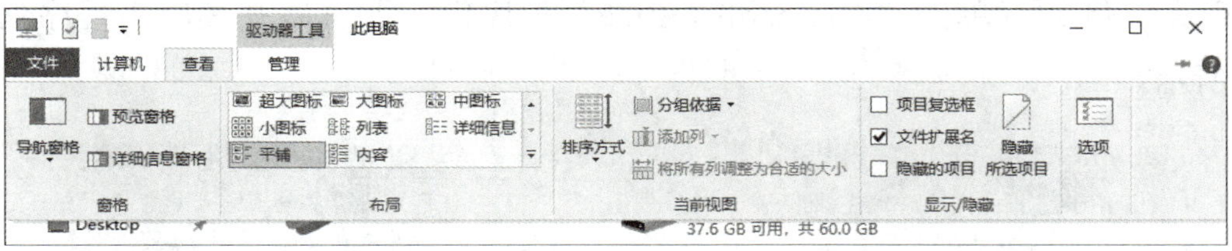

图 1-17　打开“查看”界面

（5）导航窗格。导航窗格位于工作区的左边区域，与以往的 Windows 系统版本不同的是，在 Windows 10 操作系统中，导航区一般包括“快速访问”“OneDrive”“此电脑”和“Network”四部分。单击每个选项前面的箭头按钮，可以打开相应的列表；选择选项则既可以打开列表，也可以打开相应的窗口，方便用户随时准确地查找相应的内容，如图 1-18 所示。

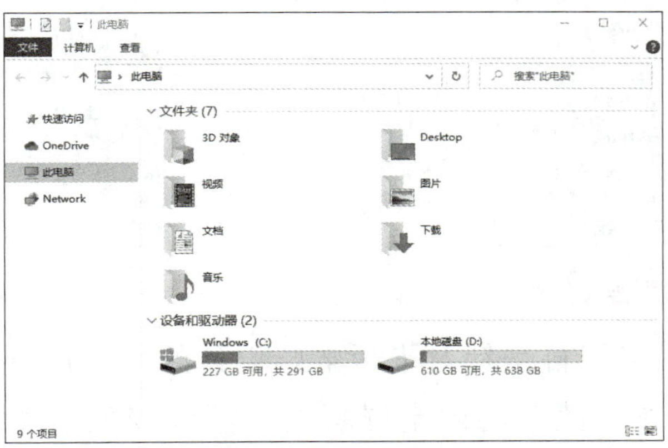

图 1-18　打开“文档”窗口

（6）工作区。工作区位于窗口的右侧，是整个窗口中最大的矩形区域，用于显示窗口中的操作对象和操作结果。当窗口中显示的内容太多而无法在一个屏幕内显示完全时，可以单击窗口右侧垂直滚动条两端的上箭头按钮和下箭头按钮，或者拖动滚动条，使窗口中的内容垂直滚动。

（7）状态栏。状态栏位于窗口的最下方，显示当前窗口的相关信息和被选中对象的状态信息。

3. Windows 10“开始”菜单

“开始”菜单是计算机程序、文件夹和设置的主通道，在“开始”菜单中可以找到几乎所有的应用程序，方便用户进行各种操作。Windows 10 系统的“开始”菜单是由“常用程序”列表、固定屏幕和“电源选项”按钮区等组成的。

（1）“常用程序”列表。在“常用程序”列表中可以查到系统中安装的所有程序，如图 1-19 所示。

在“所有程序”子菜单中分为应用程序和程序组两种，区分很简单，在子菜单中标有文件夹图标的项为程序组，未标有的项为应用程序。单击程序组，即可展开应用程序列表。例如，单击“Microsoft Office”程序组，即可展开其应用程序列表，如图 1-20 所示。

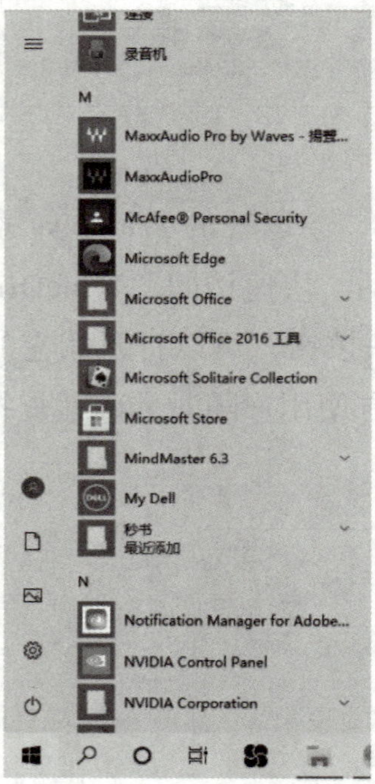

图 1-19 “常用程序”列表

图 1-20 展开应用程序列表

（2）固定屏幕。固定屏幕是针对平板电脑设计的，通过将一些比较常用的应用程序图标固定到“开始”菜单的固定屏幕上，可以实现快速打开程序的目的。固定屏幕如图 1-21 所示。

（3）“电源选项”按钮区。“电源选项”按钮区包含“睡眠”按钮、“关机”按钮和“重启”按钮，如图 1-22 所示。

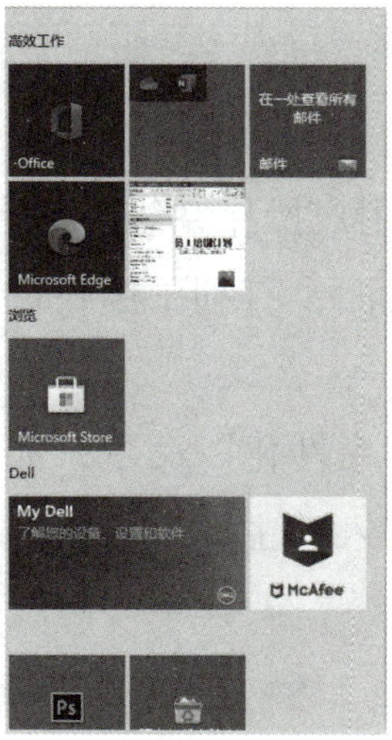

图 1-21 “开始”菜单固定屏幕

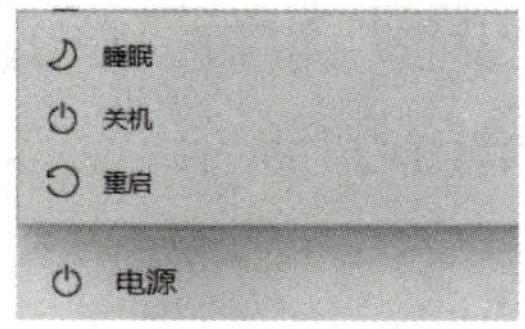

图 1-22 “电源”选项按钮区

4. Windows 10 对话框

可以将对话框看作一种人机交流的媒介，当用户对对象进行操作时，会自动弹出一个对话框，给出进一步的说明和操作提示。

对话框可以被看作特殊的窗口，它与普通的 Windows 窗口有相似之处，但是它比一般窗口更加简洁直观。对话框的大小是不可以改变的，并且用户只有在完成对话框要求的操作后才能进行下一步的操作。以图片另存为为例（图 1-23），在“另存为”对话框中，用户只有输入要保存的文件名后，才能单击“保存”按钮，否则无法进行下一步的操作。

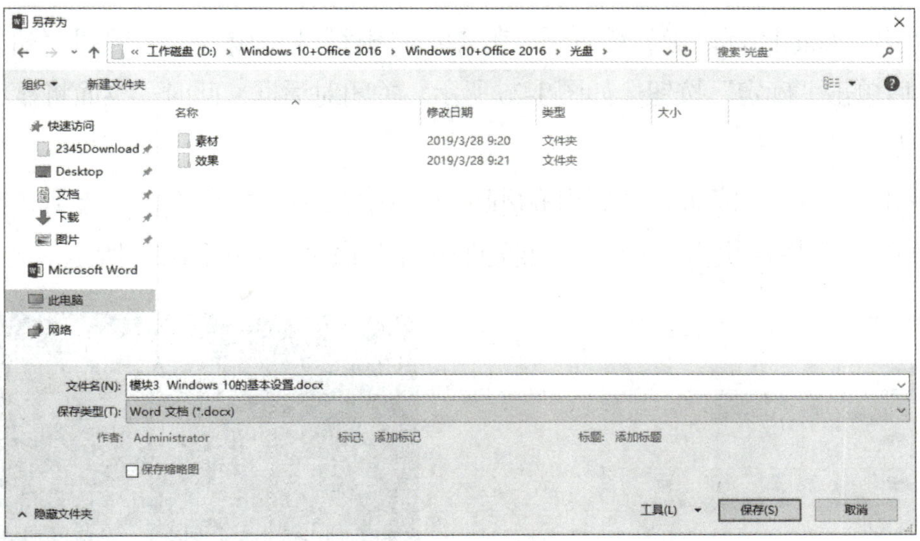

图 1-23 “另存为”对话框

尽管 Windows 10 对话框的形态与其他操作系统有些不同，但是它们所包括的元素是相似的。一般来说，对话框是由标题栏、选项卡、组合框、文本框、列表框、下拉列表文本框、微调框、命令按钮、单选框和复选框等部分组成的。

四、掌握 Windows 10 操作系统的基本操作

1. 设置适合自己的桌面图标

桌面就是启动 Windows 10 后显示的界面，也是用户操作系统的平台。默认情况下，桌面只有一个“回收站”图标。将常用的图标放到桌面，有利于用户快速找到程序，省去查找程序的时间，提高工作效率。

（1）在桌面上右击，在弹出的快捷菜单中选择“个性化”命令，如图 1-24 所示。

（2）弹出“设置”窗口，单击“主题”选项，进入“主题”界面，单击“桌面图标设置”链接，如图 1-25 所示。

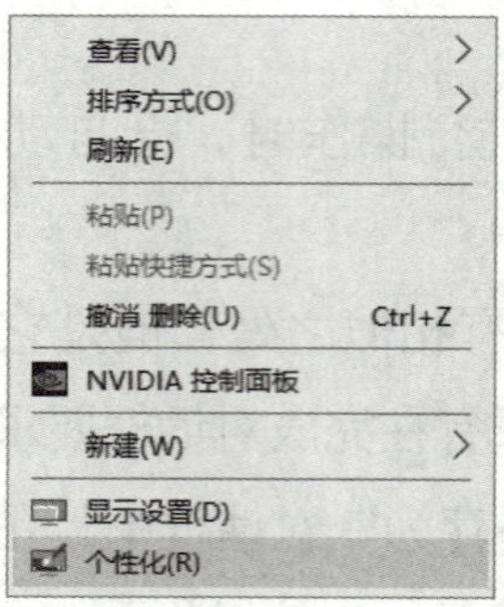

图 1-24　选择“个性化”命令

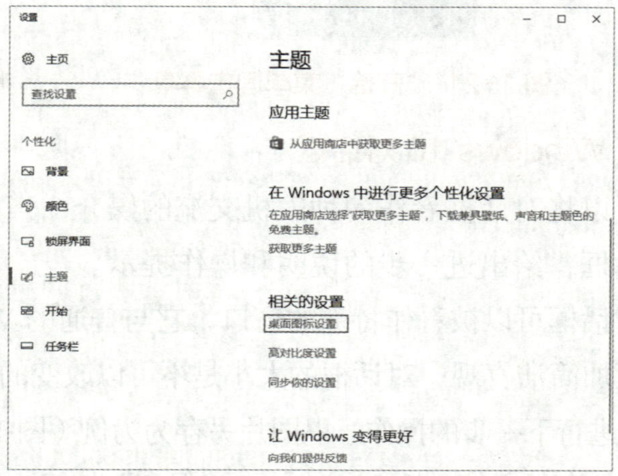

图 1-25　单击“桌面图标设置”链接

（3）弹出“桌面图标设置”对话框，在“桌面图标”栏中选中“计算机”和“控制面板”复选框，然后单击“确定”按钮，如图 1-26 所示。关闭对话框，此时，桌面将显示“此电脑”和“控制面板”图标。

（4）单击“开始”按钮，在打开的程序列表中找到“腾讯 QQ”选项，右击，在弹出的快捷菜单中选择“更多”→“打开文件位置”命令，如图 1-27 所示。

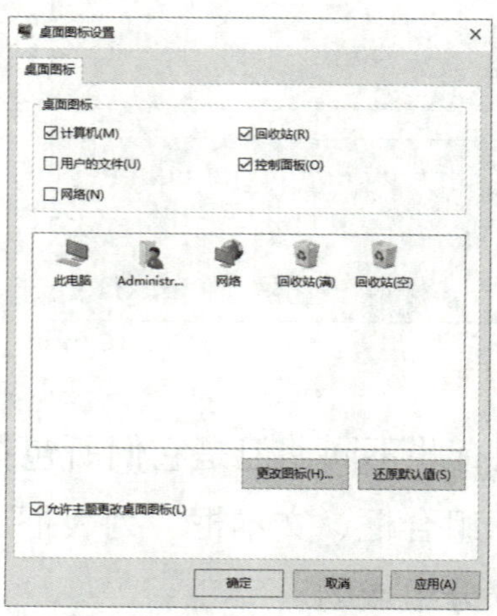

图 1-26　“桌面图标设置”对话框

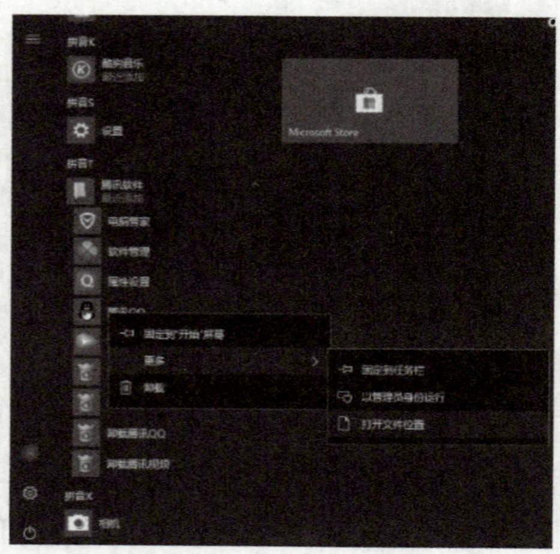

图 1-27　选择“更多”→“打开文件位置”命令

（5）此时将打开“腾讯QQ”所在的文件窗口，找到“腾讯QQ”程序，在其上右击，在弹出的快捷菜单中选择“发送到”→“桌面快捷方式”命令，即可在桌面上创建该程序的快捷方式。

2. 设置“开始”菜单

“开始”菜单上显示的项目并不是固定的，用户可以通过设置使“开始”菜单显示需要的项目。下面具体介绍操作方法。

（1）单击“开始”按钮，单击“设置”按钮或直接按Windows+I组合键打开“设置”窗口，在其中单击“个性化”按钮，如图1-28所示。

（2）弹出“设置”窗口，在左侧选择“开始”选项，在右侧单击“选择哪些文件夹显示在‘开始’菜单上”链接，如图1-29所示。

图1-28　单击“个性化”按钮

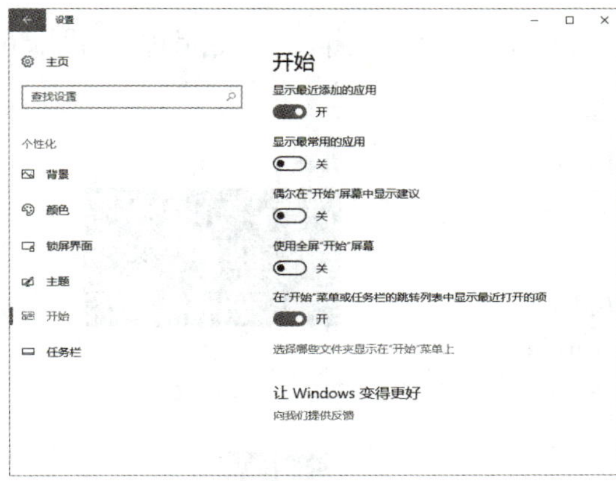

图1-29　单击“选择哪些文件夹显示在‘开始’菜单上”链接

（3）在打开的窗口中可设置在“开始”菜单中要显示的文件夹，默认情况下显示“文件资源管理器”和“设置”两个选项，这里将“文档”和“下载”两个文件夹设置为“开”，如图1-30所示。单击右上角的“关闭”按钮，然后打开“开始”菜单即可看到在菜单中显示了“文档”和“下载”文件夹。

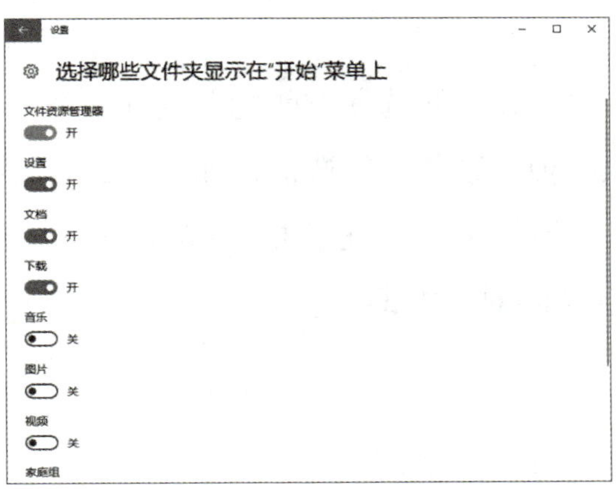

图1-30　选择要显示的文件夹

（4）在“开始”菜单中右击“画图”应用，在弹出的快捷菜单中选择“固定到‘开始’屏幕”命令。此时，即可在固定屏幕区域显示画图应用。

3. 设置桌面背景

设置桌面背景是常用的操作，用户可以使用系统自带的图片作为桌面背景，也可以将自己喜欢的图片设置为桌面背景。

（1）在桌面空白处右击，在弹出的快捷菜单中选择“个性化”命令，弹出“设置”窗口，在左侧选择“背景”选项，在右侧的“选择图片”栏中单击需要的图片即可更改桌面背景，如图 1-31 所示。

（2）若要设置其他图片作为桌面背景，可在“选择图片”栏中单击“浏览”按钮，弹出“打开”对话框，在其中选择喜欢的图片，单击“选择图片”按钮，如图 1-32 所示。返回“设置”窗口，关闭窗口后即可看到更改桌面背景后的效果。

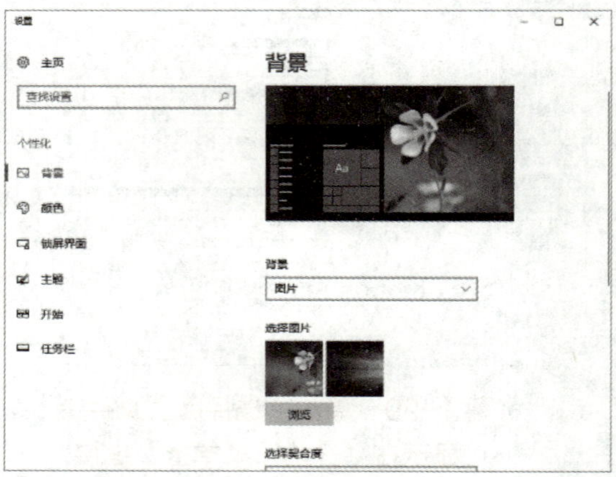

图 1-31　单击图片

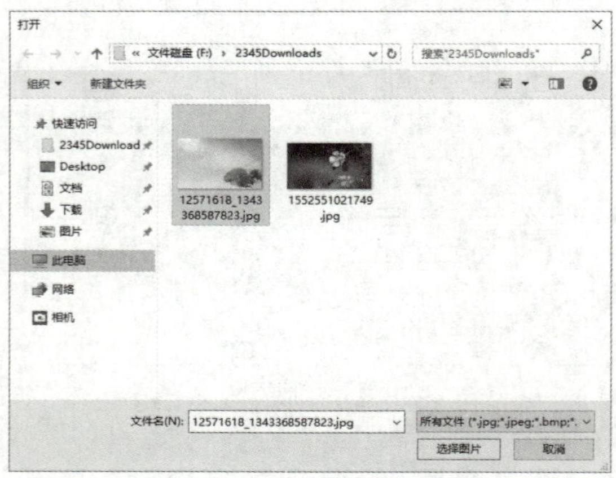

图 1-32　“打开”对话框

4. 设置主题颜色

主题颜色指的是窗口按钮、选项、“开始”菜单、任务栏和通知区域等部分的颜色。通过设置主题颜色可自定义这些区域的显示颜色。设置主题颜色可在桌面背景中选取颜色，也可自定义颜色。

（1）打开“设置”窗口，在左侧选择“颜色”选项，在右侧的“选择颜色”栏中选中“从我的背景自动选取一种主题色”复选框，如图 1-33 所示。

（2）在下方选中“‘开始’菜单、任务栏和操作中心”和“标题栏”复选框，如图 1-34 所示。设置完成后关闭对话框即可。

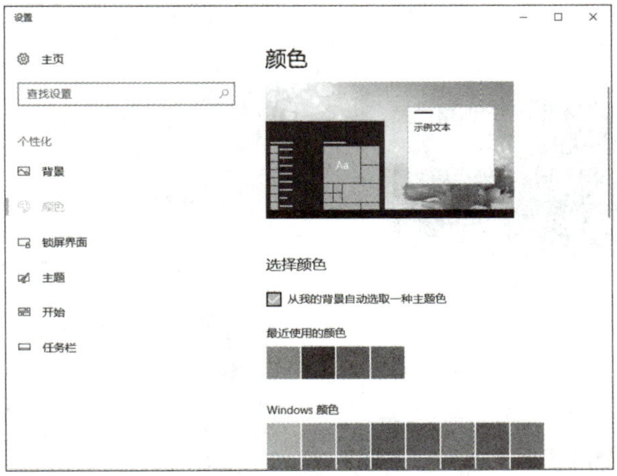

图 1-33　选中“从我的背景自动选取一种主题色”复选框

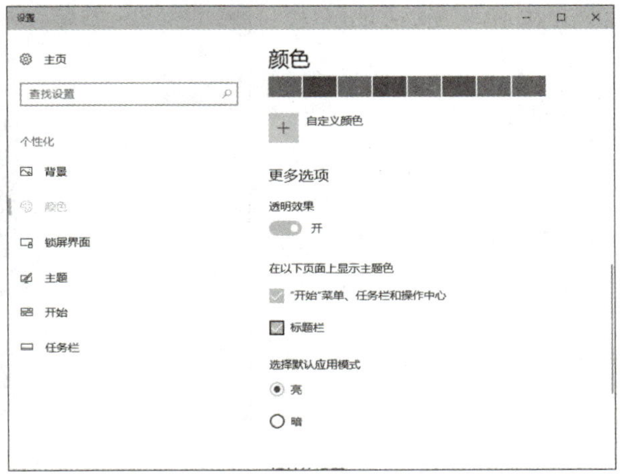

图 1-34　设置主题颜色应用位置

5. 设置锁屏界面

当计算机处于锁定状态时，计算机显示的屏幕就是锁屏界面，锁屏界面可以是自己喜欢的一张照片，也可以是由多张图片组成的幻灯片。

图文
Windows 操作小技巧

（1）打开“设置”窗口，在左侧选择“锁屏界面”选项，在右侧的“选择图片”栏中单击“浏览”按钮，如图 1-35 所示。

（2）弹出“打开”对话框，在其中选择准备好的图片，单击“选择图片”按钮即可，如图 1-36 所示。

（3）返回“设置”窗口，在右侧的“预览”栏中将显示预览效果，如图 1-37 所示。

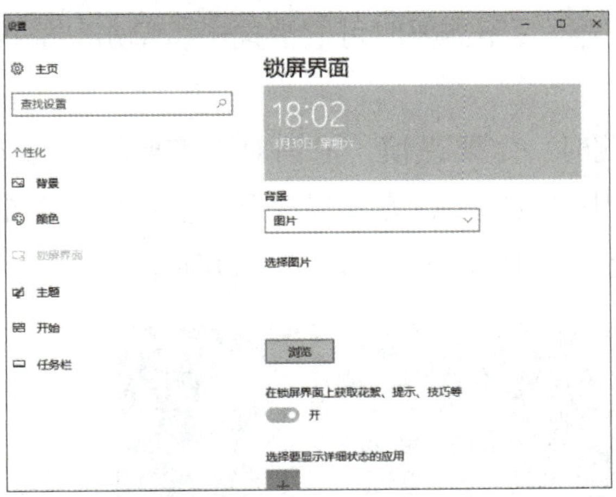

图 1-35　“锁屏界面”窗口

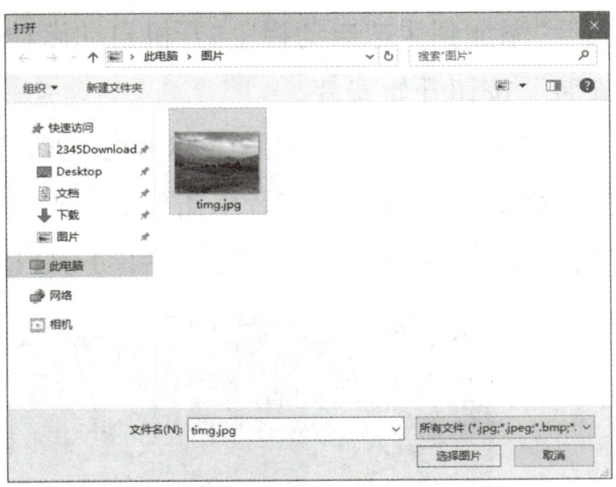

图 1-36　选择锁屏界面图片

图 1-37 预览锁屏界面效果

五、安装与卸载应用程序

1. 安装应用程序

经过准备之后，如果该软件符合用户的要求，就可以进行安装了。软件的安装方法：在计算机中找到该软件的安装程序，双击其中的安装文件，通常是 setup.exe 或 install.exe，然后根据打开的安装向导窗口中的提示进行操作。下面以安装 QQ 为例，讲解安装软件的步骤。

（1）打开 QQ 安装程序所在的文件夹，双击安装文件。

（2）进入“腾讯 QQ 安装向导”界面，界面中显示安装位置，默认位置是 C:\Program Files(x86)\Tencent\QQ。如果想改变安装位置，则单击“浏览”按钮，弹出“浏览文件夹”对话框，在对话框中选择安装位置即可。界面中还列有“生成快捷方式”“添加到快速启动栏”“开机自动启动”复选框，不需要时可取消选中。单击“立即安装”按钮开始安装。

（3）安装之后弹出图 1-38 所示的界面，此时一定要谨慎，取消对不需要软件的选择。例如，不需要安装音乐播放器，则取消选中“安装 QQ 音乐播放器”复选框。单击“完成安装”按钮，系统将自动启动 QQ 应用程序，其登录界面如图 1-39 所示。

图 1-38 安装完成界面

图 1-39 QQ 登录界面

2. 卸载应用程序

如果在使用某个应用程序时经常发生问题，或者以后不再使用某个程序，可以卸载该程序，其操作步骤如下：

（1）单击“开始”按钮，在打开的“开始”菜单中单击“设置”按钮，弹出“Windows 设置”窗口，单击“应用”按钮，然后在左侧选择“应用和功能”选项，切换到“应用和功能”设置窗口，如图 1-40 所示。

（2）在右侧的程序列表中单击需要卸载的程序，在弹出的界面中单击“卸载”按钮，如图 1-41 所示。

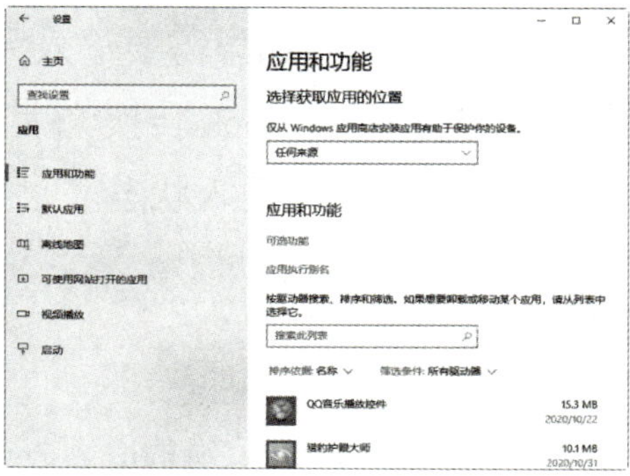

图 1-40 “应用和功能”设置窗口

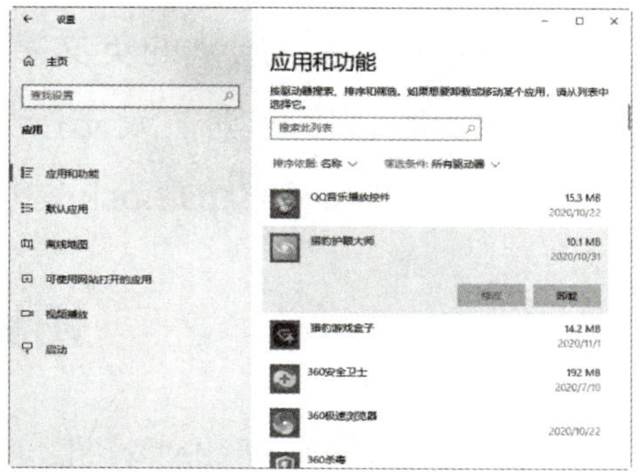

图 1-41 单击“卸载”按钮

提示：除了可以使用系统自带的程序管理功能卸载程序外，还可以使用 360 软件管家之类的第三方软件卸载程序。

六、文字录入

文字的录入和处理是信息技术设备的重要功能，掌握一些必要的输入技巧，可以大大提高文字输入的速度和准确率。

1. 鼠标的基本操作

（1）鼠标的击打操作。将鼠标移动至要操作的图标或文本处，快速有力地击打鼠标的左键或右键，完成鼠标的击打操作。单击一般是选中操作，右击一般是打开快捷菜单操作。

（2）鼠标的双击操作。将鼠标移动至要操作的图标或文本处，快速有力地连续击打鼠标左键两次，完成鼠标的双击操作。双击一般是打开文件夹、打开某一应用程序或选中一行文本的操作。鼠标双击的时间间隔可以根据不同人对于速度的不同要求而进行设定。

（3）鼠标的拖动操作。在起始位置按住鼠标左键，拖动鼠标到终止位置后释放鼠标左键，该过程称为鼠标的拖动。鼠标的拖动操作一般完成文件或文件夹的选择和移动，在文本文档中完成文本的选择和移动。

2. 认识键盘的结构

键盘上键位的排列方式按用途可分为主键盘区、功能键区、编辑键区和小键盘区，如图 1-42 所示。

图 1-42　计算机标准键盘的结构

主键盘区是键盘操作的主要区域，包括 26 个英文字母、数字 0 ～ 9、运算符号、标点符号、控制键等。26 个字母键按英文打字机字母顺序排列在主键盘区的中央区域。一般来说，计算机开机后，默认的英文字母输入为小写字母。如果需要输入大写字母，可在按 Shift 键的同时按字母键，或先按大写字母锁定键 Caps Lock 转换为大写输入状态，然后按字母键，再次按 Caps Lock 键后，可重新转换为小写输入状态。

拓展训练

在实际生活中，保持正确的计算机操作姿势是非常重要的。正确的计算机操作姿势如图 1-43 所示。

图 1-43　正确的计算机操作姿势

打字要有正确的姿势。操作者应平坐在椅子上，两肘悬空，上下手臂间的弯度略小于 90°，手腕平放，手指自然下垂，并依次停留在基准字键（又称原位键）键位上（左手为 A、S、D、F，右手为 J、K、L、“；”），只是轻轻触键，不能用力按键。如果感到高度不合适，可适当调节椅子的高度，否则容易使人疲倦。

另外，由于计算机所用键盘的键比较多、功能强、应用广，因此，其指法也应根据不同的需要而有所不同。例如，在输入编制好的文件或程序时，大多是盲打，即输入文字时不看键盘。盲打是一般机械打字通用的方法，操作者需思想集中、全神贯注，既要提高速度，又要避免差错。在输入数字或进行光标移动时，则可利用右手操作小键盘区；为实现某些特殊功能，可使用组合键。在不同的情况下，按键指法的运用也就变得复杂，但基本指法是最重要的，也是最常用的，需要熟练掌握。

除一个好的计算机姿势外，我们还需要借助一个较好的软件工具，在“搜狗输入法”中，用户可以使用以下几种方式输入汉字：

（1）全拼输入。只要熟悉汉语拼音，就可以使用全拼输入法。全拼输入法是按规范的汉语拼音输入外码，即用 26 个小写英文字母作为 26 个拼音字母的输入外码。其中 ü 的输入外码为 v。

（2）简拼输入。简拼输入法的编码由各个音节的第一个字母组成，对于包含 zh、ch、sh 这样的音节，也可以取前两个字母组成。简拼输入法主要用于输入词组。例如，下列一些词组的简拼输入为：

词组 简拼输入

学生 xs（h）

练习 lx

此外，在使用简拼输入法时，隔音符号可以用来排除编码的二义性。例如，若用简拼输入法输入“社会”，简拼编码不能是 sh，因为它是复合声母 sh，因此应该使用隔音符“ ' ”，输入“s ' h”。

（3）混拼输入。输入两个音节以上的词语时，有的音节可以用全拼编码，有的音节则用简拼编码。例如，输入“计算机”一词，其全拼编码是 jisuanji，也可以采用混拼编码 jisj 或 jisji。

学习完这些技巧之后，在记事本中输入下面一段文字。

习近平总书记在庆祝中国共产党成立 100 周年大会上的讲话中强调，以史为鉴、开创未来，必须加快国防和军队现代化。强国必须强军，军强才能国安。坚持党指挥枪、建设自己的人民军队，是党在血与火的斗争中得出的颠扑不破的真理。人民军队为党和人民建立了不朽功勋，是保卫红色江山、维护民族尊严的坚强柱石，也是维护地区和世界和平的强大力量。

七、使用操作系统自带程序

操作系统一般自带或默认安装了许多基本功能软件，不用再安装其他程序也能独立完成相应的任务。不同类型的操作系统自带的软件略有不同，主要有文件资源管理、网页浏览、文本编辑、图形图像服务、影音播放、生活服务等类别。Windows 10 操作系统自带的常用程序见表 1-6。

表1-6　Windows 10操作系统自带的常用程序

功能类别	常用程序
文件资源管理类	文件资源管理器
网页浏览类	Edge、IE
文本编辑类	记事本、写字板
图形图像服务类	画图、画图 3D、截图工具、照片
影音播放类	录音机、电影和电视、视频编辑器
生活服务类	闹钟和时钟、日历、天气、地图、计算器

实践体验

（1）利用Windows 10提供的"截图工具"截取屏幕图形，体验其提供的圆珠笔、铅笔、荧光笔、橡皮擦、标尺、图像裁剪等功能。

（2）利用Windows 10提供的"画图3D"小工具绘制立方体、圆柱体和圆锥体，并为其着色。

（3）下载并安装微信PC端，登录账号，体验其PC端与手机端的区别。

任务五 管理信息资源

任务描述

本任务通过在D盘建立以自己名字命名的文件夹，在其中新建两个子文件夹和三个文件，对文件进行分类存放，并在桌面上建立文件夹的快捷方式等，使学生熟练掌握文件或文件夹的创建、复制、移动、删除等操作。

任务提示

Windows 10最大的功能之一是能够有效地管理文件和文件夹，而这涉及文件或文件夹的创建、复制、移动、删除等基本操作，本任务就来实现这些操作。

任务完成

1. 新建文件和文件夹

视频
文件和文件夹的操作 1

步骤01：双击桌面上的"此电脑"图标，弹出"此电脑"窗口，双击D盘图标。

步骤02：单击快速启动工具栏中的"新建文件夹"按钮，新建一个空文件夹。

步骤03：右击新建的文件夹，在弹出的快捷菜单中选择"重命名"命令，更改文件夹的名称，这里改为"叶子"。

步骤04：双击"叶子"文件夹，在该文件夹中建立两个子文件夹"01""02"。

步骤05：在"叶子"文件夹的空白处右击，在弹出的快捷菜单中选择"新建"命令，在弹出的子菜单中分别选择相应选项，创建2个不同类型的文件，分别是文本文档

a1.txt、Word 文档 a2.docx。

视频
文件和文件夹的操作 2

2. 复制和移动文件

步骤 01：打开“此电脑”窗口，在左侧窗格中单击 D 盘驱动器左侧的箭头按钮，展开 D 盘根目录文件，如图 1-44 所示。

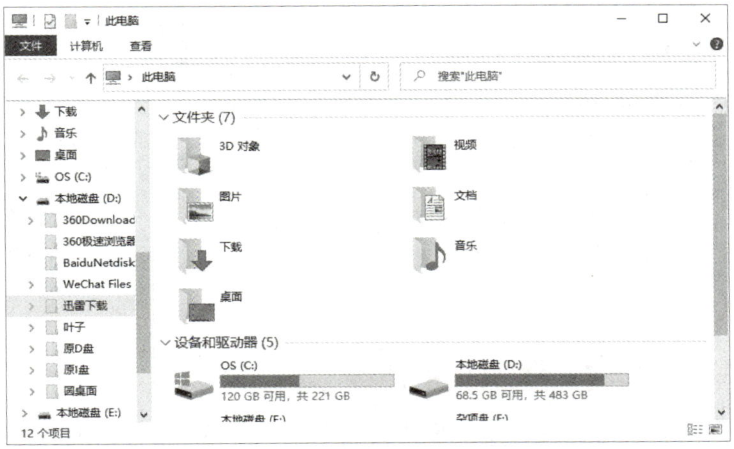

图 1-44　展开 D 盘根目录

步骤 02：双击 D 盘中的“叶子”文件夹，右击文件 a1.txt，在弹出的快捷菜单中选择“复制”命令。双击“01”文件夹，在空白位置右击，在弹出的快捷菜单中选择“粘贴”命令（也可以按快捷键 Ctrl+C 进行复制，按快捷键 Ctrl+V 进行粘贴），即可将文件复制到“01”文件夹中。

步骤 03：单击窗口左上方的“返回”按钮←，返回“叶子”文件夹，按照类似的方法，可将 a2.docx 移动到“02”文件夹，将文件名更名为文学作品 .docx。步骤不同的是，在弹出的快捷菜单中选择“剪切”命令，或按快捷键 Ctrl+X 进行剪切。

3. 删除文件

右击“叶子”文件夹中的 a1.txt 文件，在弹出的快捷菜单中选择“删除”命令或按 Delete 键，将选中的对象移动到回收站。回收站中的文件并不是真正删除，可以双击桌面上的“回收站”图标，在打开的窗口中单击“还原所有项目”按钮，恢复被删除的对象。

提示：使用快捷键 Shift+Delete 可以永久删除所选文件和文件夹，文件不能被还原。

4. 更改文件属性

右击“叶子”文件夹中的 a2.docx 文件，在弹出的快捷菜单中选择“属性”命令。在属性对话框中选中“隐藏”复选框，如图 1-45 所示，单击“确定”按钮，即可实现对文件的隐藏。

图 1-46 是“文件夹选项”对话框，在这里可以选择显示隐藏的文件或文件夹，还可以显示或隐藏文件的扩展名。

视频
文件和文件夹的操作 3

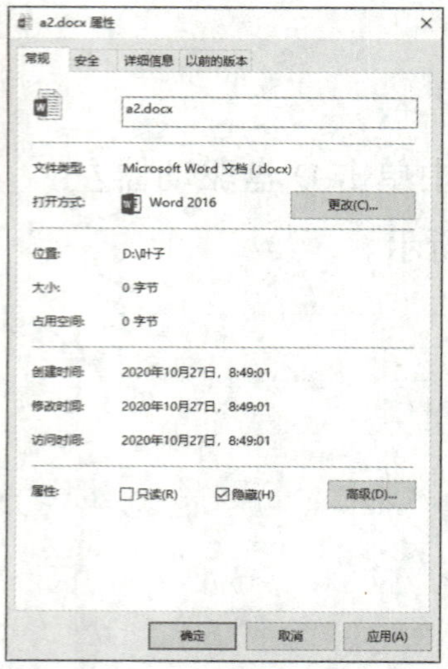

图 1-45　选中“隐藏”复选框

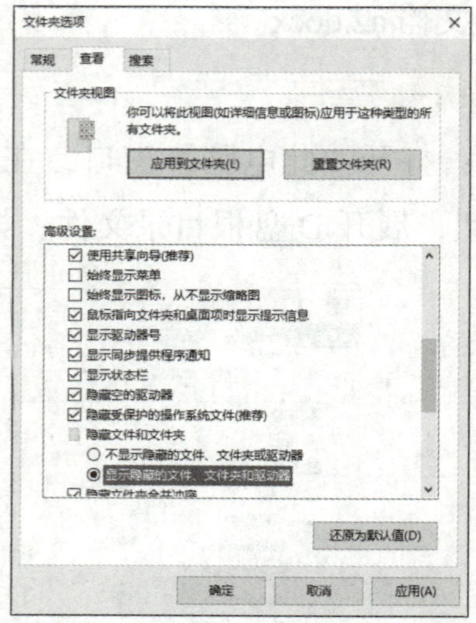

图 1-46　“文件夹选项”对话框

5. 在桌面上创建“叶子”文件夹的快捷方式

先右击“叶子”文件夹，在弹出的快捷菜单中选择“创建快捷方式”命令，再将创建的快捷方式拖放到桌面上。

图文
桌面快捷方式

46

创建快捷方式的方法有多种，除了按照上面的方法创建快捷方式外，还可以直接在桌面上创建快捷方式，具体的操作步骤如下：

步骤 01：右击桌面空白处，在弹出的快捷菜单中单击“新建”→“快捷方式”命令，弹出“创建快捷方式”对话框，如图 1-47 所示。

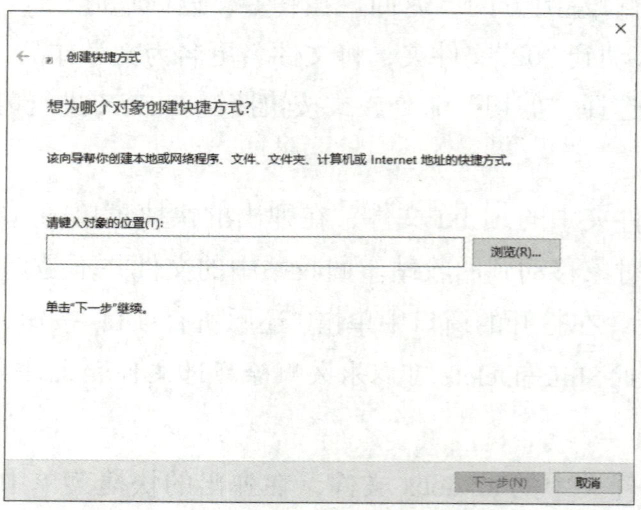

图 1-47　“创建快捷方式”对话框

步骤 02：单击“浏览”按钮，在“浏览文件或文件夹”对话框中单击要创建快捷方式的项目“叶子”文件夹，然后单击“确定”按钮，如图 1-48 所示，返回“创建快捷方式”对话框，可以发现在“请键入对象的位置”文本框中添加了所选的路径，如图 1-49 所示。

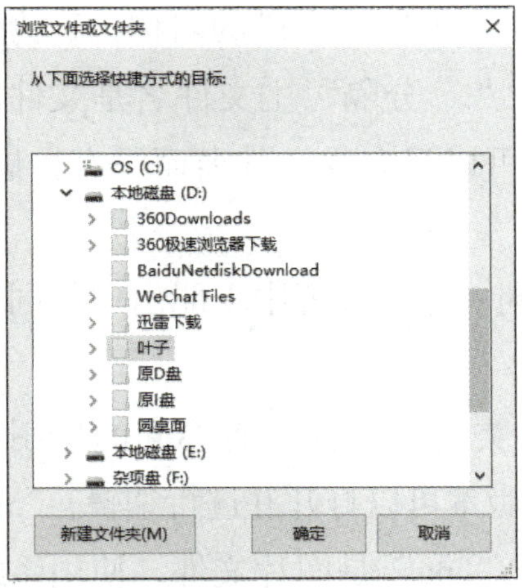

图 1-48　“浏览文件或文件夹”对话框

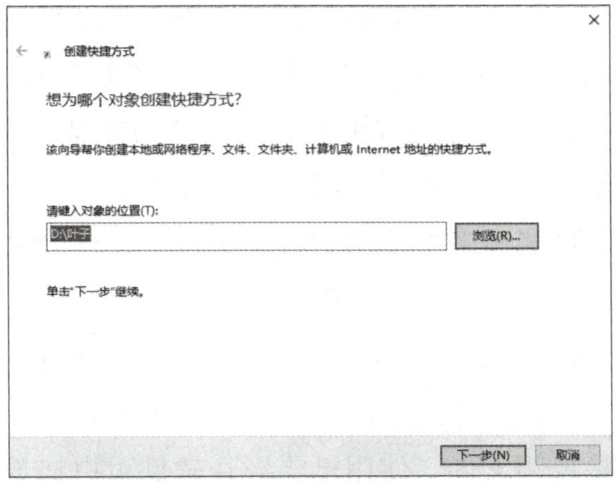

图 1-49　添加了所选路径

步骤 03：单击“下一步”按钮，在弹出的对话框中默认显示快捷方式的名称为“叶子”，如果需要更改，用户可以直接在“键入该快捷方式的名称”文本框输入，最后单击“完成”按钮即可，如图 1-50 所示。

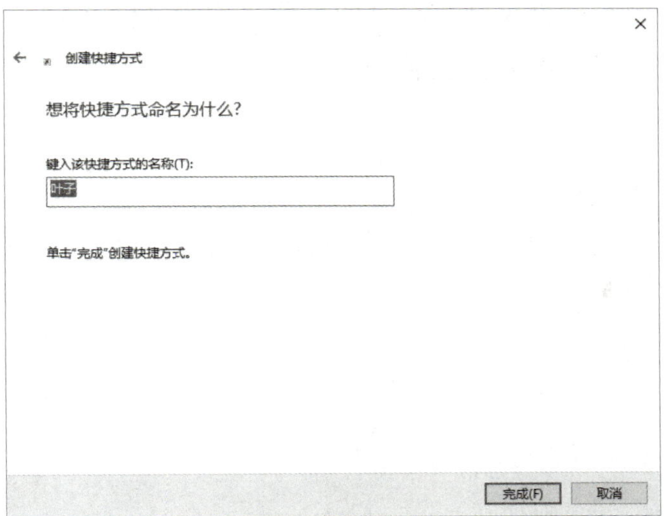

图 1-50　命名快捷方式

提示：快捷方式是某个程序、文件或文件夹对象在快捷方式图标所在位置的一个映像文件，可以对其任意命名，其扩展名为“.lnk”，它建立了与实际对象的链接。删除快捷方式实际只是删除了与其实际对象的链接，并不是真正地删除对象。

必备知识

一、文件与文件夹的概念和作用

1. 文件的概念和作用

保存在计算机中的各种信息和数据统称为文件，如一张图片、一份办公文档、一个应用程序、一首歌曲或一部电影等。在计算机中，每个文件都有自己的名称，称为文件名。文件名由主文件名和扩展名两部分组成，中间以“.”分隔，主文件名是文件的主要标记，扩展名通常用于表示文件的类型。文件名中可以只有主文件名而没有扩展名，但是不能只有扩展名而没有主文件名。

文件名最多可使用 255 个字符，不区分大小写，同一存储位置中不能出现相同文件名（包含扩展名）的文件。

文件根据扩展名的不同可以有不同的种类，每种类型的文件具有不同的作用。例如，“.docx”代表的是文档类型，用 Word 2007 以上的版本可以打开并进行编辑；“.mp4”文件是视频文件，使用迅雷影音软件可以播放该视频；“.jpg”是图片文件，使用系统自带的照片功能可以打开并查看该图片。总之，文件的存在是为了更好地对系统中庞杂的数据和信息进行分类管理，以便更加有效地管理资源。

2. 文件夹的概念和作用

文件夹是一个存储空间，用于存放和管理计算机中的文件，是为了更好地管理文件而设计的。计算机中每个文件夹都有自己的名称，称为文件夹名。文件夹下可以存放文件和子文件夹。文件夹名中没有扩展名。

知识链接

Windows 操作系统中文件或文件夹的命名规则如下：

①路径、文件名或文件夹名可以由西文字符或汉字（包括空格）组成，不能多于 255 个字符。

②英文字母不区分大小写。

③文件名或文件夹名中不能出现 \、/、:、*、?、"、<、>、| 等字符。

④文件名和文件夹名可以由字母、数字、汉字或 ~、!、@、#、$、%、^、&、( )、_、—、{、}、' 等字符组合而成。

⑤不能使用 com1 ～ com9、lpt1 ～ lpt9、aux、con、prn、nul 等作为文件名。

二、管理文件和文件夹

1. 设置文件与文件夹的显示方式

Windows 10 提供了图标、列表、详细信息、平铺和内容等显示文件和文件夹的方式。只需选择窗口中的“查看”选项卡，单击“布局”选项组中的按钮即可选择相应的显示方式，如图 1-51 所示。

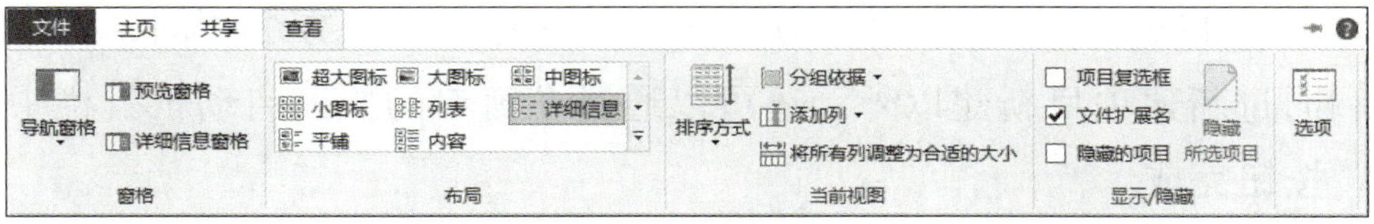

图 1-51　“查看”选项卡

（1）图标显示方式。将文件夹所包含的图像显示在文件夹图标上，可以快速识别该文件夹的内容。图标显示方式包括超大图标、大图标、中图标和小图标。

（2）列表显示方式。将文件与文件夹名称通过列表方式显示。若文件夹中包含很多文件，采用列表显示方式便于快速查找某个文件。在列表显示方式下，可以对文件和文件夹进行分类，但是无法按组排列文件。

（3）详细信息显示方式。详细信息显示方式用来显示相关文件或文件夹的详细信息，包括名称、类型、大小和日期等。

（4）平铺显示方式。平铺显示方式采用图标加文件信息的方式显示文件或文件夹，是查看文件或文件夹的常用方式。

（5）内容显示方式。内容显示方式可将文件的创建日期、修改日期和大小等内容显示出来，方便查看和选择。

2. 新建文件或文件夹

在计算机中写入资料或存储文件时，需要新建文件或文件夹。

（1）新建文件。在 Windows 10 的相关窗口中新建文件有以下几种方法：

①在需要新建文件的窗口空白处右击，在弹出的快捷菜单中选择“新建”命令，在弹出的子菜单中选择要新建的文件类型即可，如图 1-52 所示。

②在窗口中切换到“主页”选项卡，在“新建”组中单击“新建项目”下拉按钮，在弹出的下拉列表中选择要新建的文件类型即可，如图 1-53 所示。

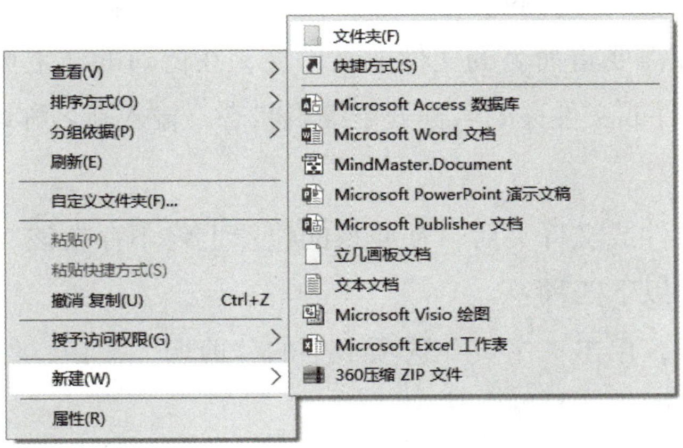

图 1-52　通过快捷菜单新建文件

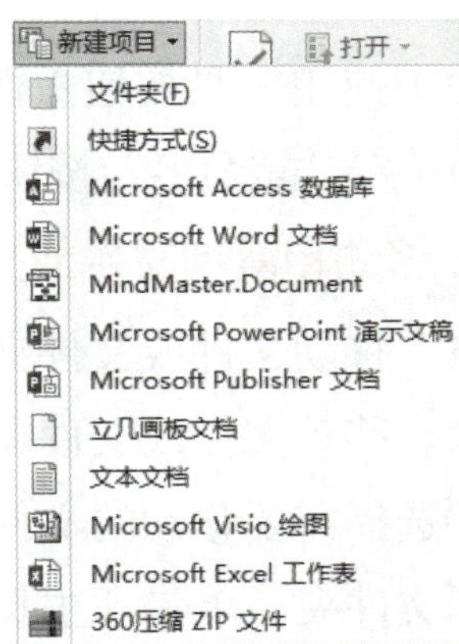

图 1-53　通过新建项目新建文件

（2）新建文件夹。新建文件夹的方法一般与新建文件的方法相同，除了通过快捷菜单新建和通过新建项目新建以外，还可以通过在窗口的快速启动工具栏中单击“新建文件夹”按钮完成。

3. 选择文件或文件夹

在对文件或文件夹进行复制、移动、重命名等操作之前，需要对文件或文件夹进行选择，可以选择不同数量、不同位置的文件或文件夹。

（1）选择单个文件或文件夹。单击文件或文件夹图标即可对其进行选择，被选择的文件或文件夹呈蓝底形式显示。

（2）选择多个文件或文件夹。

①选择多个相邻的文件或文件夹。在需要选择的文件或文件夹的起始位置处按住鼠标左键进行拖动，用窗口中出现的蓝色矩形框框住需要选择的文件或文件夹，然后释放鼠标左键，即可完成选择。

②选择多个连续的文件或文件夹。单击某个文件或文件夹图标后，按住 Shift 键不放，然后单击另一个文件或文件夹图标，即可选择这两个文件或文件夹之间所有连续的文件或文件夹。

③选择多个不连续的文件或文件夹。按住 Ctrl 键不放，依次单击需要选择的文件或文件夹，即可选择多个不连续的文件或文件夹。

④选择所有文件或文件夹。在窗口的“主页”选项卡中单击“全部选择”按钮，或者在窗口中按快捷键 Ctrl+A，即可选择该窗口中的所有文件或文件夹。

4. 重命名文件或文件夹

对文件或文件夹进行重命名的方法有以下两种：

（1）使用快捷菜单重命名。在需要重命名的文件或文件夹上右击，在弹出的快捷菜单中选择“重命名”命令，此时文件或文件夹的名称处于编辑状态，输入新名称即可。

（2）使用工具按钮重命名。选择需要重命名的文件或文件夹，在窗口的“主页”选项卡中单击“重命名”按钮，此时文件或文件夹的名称处于编辑状态，输入新名称即可。

5. 移动和复制文件或文件夹

（1）移动文件或文件夹。移动文件或文件夹后，在原来的位置上将不存在该文件或文件夹。移动文件或文件夹的方法有以下四种：

①选择需要移动的文件或文件夹，单击“主页”选项卡中的“剪切”按钮，然后打开目标文件夹，单击“主页”选项卡中的“粘贴”按钮。

②选择需要移动的文件或文件夹，按快捷键 Ctrl+X 进行剪切，然后打开目标文件夹，按快捷键 Ctrl+V 进行粘贴。

③右击需要移动的文件或文件夹，在弹出的快捷菜单中选择“剪切”命令，然后打开目标文件夹，在空白处右击，在弹出的快捷菜单中选择“粘贴”命令。

④选择需要移动的文件或文件夹，单击“主页”选项卡中的“移动到”按钮，然后在弹出的菜单中选择目标位置。

（2）复制文件或文件夹。复制文件或文件夹是指对原来的文件或文件夹不做任何改变，重新生成一个完全相同的文件或文件夹。复制文件或文件夹的方法有以下四种：

①选择需要复制的文件或文件夹，单击“主页”选项卡中的“复制”按钮，然后打开目标文件夹，单击“主页”选项卡中的“粘贴”按钮。

②选择需要复制的文件或文件夹，按快捷键 Ctrl+C 进行复制，然后打开目标文件夹，按快捷键 Ctrl+V 进行粘贴。

③右击需要复制的文件或文件夹，在弹出的快捷菜单中选择“复制”命令，然后打开目标文件夹，在空白处右击，在弹出的快捷菜单中选择“粘贴”命令。

④选择需要复制的文件或文件夹，单击“主页”选项卡中的“复制到”按钮，然后在弹出的菜单中选择目标位置。

6. 删除文件或文件夹

当磁盘中存在重复或不需要的文件或文件夹，影响了对计算机的各种操作时，可删除文件或文件夹。删除文件或文件夹的方法有以下四种：

（1）选择需要删除的文件或文件夹，单击“主页”选项卡中的“删除”按钮，在弹出的菜单中选择“回收”或“永久删除”命令。

“回收”和“永久删除”的区别：“回收”是将文件放到回收站，没有真正删除，文件还占据硬盘空间。放到回收站的文件是可以还原的，只有清空回收站，才能真正地把文件从硬盘中删除。“永久删除”是直接将文件从硬盘中删除，不能还原。

（2）选择需要删除的文件或文件夹，按 Delete 键。

（3）右击需要删除的文件或文件夹，在弹出的快捷菜单中选择“删除”命令。

（4）选择需要删除的文件或文件夹，按住鼠标左键将其拖动到桌面上的“回收站”图标上，再释放鼠标左键。

后三种方法都是把删除文件暂时存放到回收站中。

在按住 Shift 键执行删除文件或文件夹的操作后，都会出现提示对话框（图 1-54），询问是否将该文件或文件夹永久删除，单击“是”按钮，永久删除该文件或文件夹；如果不想永久删除，单击“否”按钮。

图 1-54 “删除文件夹”对话框

7. 搜索文件或文件夹

当忘记文件或文件夹的保存位置或记不清楚文件或文件夹的全名时，可以使用 Windows 10 的搜索功能快速查找到所需的文件或文件夹。只需在搜索栏中输入需要查找的文件或文件夹的名称或该名称的部分内容，系统就会根据输入的内容自动进行搜索，搜索完成后将在打开的窗口中显示搜索到的全部内容。例如，在“此电脑”窗口中搜索与“花瓶”相关的文件或文件夹，其操作步骤如下：

（1）双击“此电脑”图标，弹出“此电脑”窗口。

（2）在搜索栏中输入“花瓶”，系统自动进行搜索。搜索完成后，该窗口中将显示所有与“花瓶”有关的文件或文件夹。

8. 设置文件与文件夹属性

文件和文件夹除了有名称、大小、创建时间等属性外，还有只读、隐藏、共享、安全等属性。

在文件或文件夹上右击，在弹出的快捷菜单中选择“属性”命令（图 1-55），弹出“属性”对话框。图 1-56 所示为文件夹 360 的“360 属性”对话框，其中有“常规”“共享”“安全”“以前的版本”和“自定义”五个选项卡，通过它们可以设置文件或文件夹属性。

（1）修改文件或文件夹的“只读”和“隐藏”属性。在“常规”选项卡中，除了有文件或文件夹的位置、大小等基本属性外，还有“只读（仅应用于文件夹中的文件）”和“隐藏”两个复选框。如果选中“只读”复选框，则只能浏览文件夹中的文件，而不能对文件进行修改；如果选中“隐藏”复选框，则文件夹将被隐藏。如果要显示被隐藏的文件或文件夹，则需在窗口的“查看”选项卡中选中“隐藏的项目”复选框，此时被隐藏的内容将显示出来，但不是很清楚。取消选中“属性”对话框中的“隐藏”复选框，则文件或文件夹将被清楚地显示出来。

（2）设置个性化的文件夹图标。右击要修改图标的文件夹，如“360”文件夹，弹出“360 属性”对话框，单击“自定义”选项卡中的“更改图标”按钮（图 1-57），弹出“为文件夹 360 更改图标”对话框（图 1-58），选择图标样式，单击“确定”按钮完成设置。

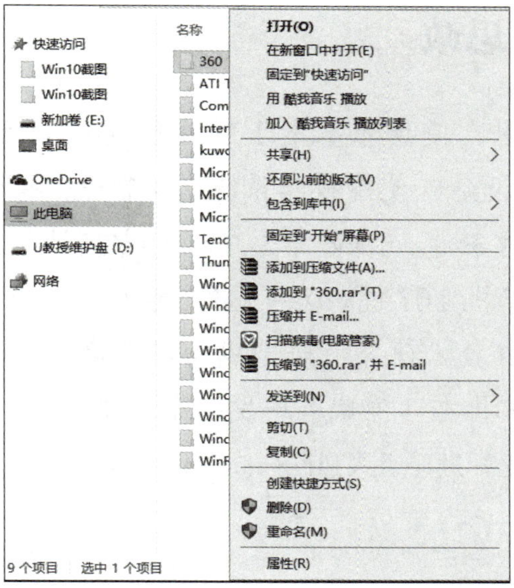

图 1-55　选择"属性"命令

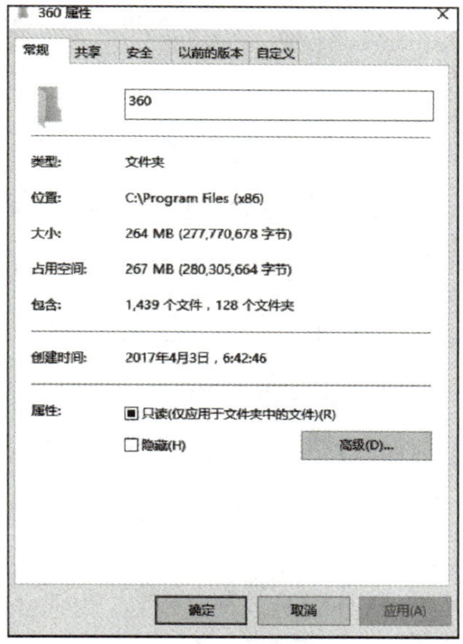

图 1-56　"360 属性"对话框

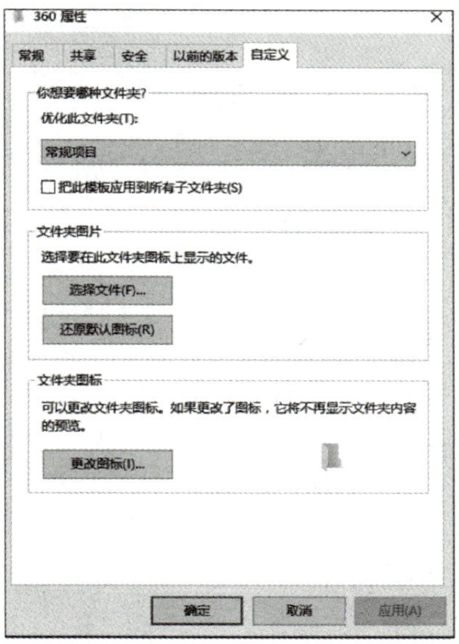

图 1-57　"自定义"选项卡

图 1-58　"为文件夹 360 更改图标"对话框

实践体验

在E盘中新建一个文件夹，并将其命名为"班级管理"。在"班级管理"文件夹中新建两个文件夹，一个命名为"已完成"，另一个命名为"未完成"。将"已完成"文件夹的图标修改为系统自带的黄色五角星。在"已完成"文件夹中新建一个Word文档和一个Excel文档，将一些图片文件复制到"未完成"文件夹中。

项目思政

本项目讲解了信息技术应用的基础知识，使读者基本了解信息技术与信息社会，认识信息系统，学习选用和连接信息技术设备，使用操作系统以及管理信息资源。

计算机为信息技术的发展提供了重要的条件。1958 年，中国科学院计算技术研究所研制成功我国第一台小型电子管通用计算机 103 机（八一型），标志着我国第一台电子计算机的诞生；1965 年，中国科学院计算技术研究所研制成功我国第一台大型晶体管计算机 109 乙机，之后推出 109 丙机，该机在两弹试验中发挥了重要作用；2001 年，中国科学院计算技术研究所研制成功我国第一款通用 CPU——“龙芯”芯片，表明我国计算机技术的不断成熟。

项目测试

一、选择题

1. 信息处理进入了计算机世界，实质上是进入了（　　）的世界。

A. 八进制数字　　B. 十进制数字

C. 二进制数字　　D. 十六进制数字

2. 下面主文件名称错误的是（　　）。

A. 信息技术:　　B. 信息技术,

C. 信息 _ 技术　　D. 信息 | 技术

3. 将二进制数 110110.01 转换成十进制，其值是（　　）。

A. 54.25　　B. 216　　C. 54.01　　D. 217

4. 已知 8 位数机器码 $(111)_2$，表示的十进制真值为（　　）。

A. 5　　B. 7　　C. -5　　D. -7

5. 文档、数据、图形图像、音视频等信息属于信息系统的（　　）要素。

A. 硬件　　B. 软件　　C. 通信网络　　D. 信息资源

6. Unicode 表示 ASCII 码字符时使用（　　）位二进制代码。

A. 8　　B. 16　　C. 24　　D. 32

7. 计算机的运算速度主要由（　　）指标决定。

A. CPU 主频　　B. 显示器分辨率

C. 硬盘容量　　D. CPU 制程工艺

8. 微型计算机硬件系统中最核心的部件是（　　）。

A. 硬盘　　B. CPU　　C. 内存储器　　D. I/O 设备

9. 下列设备中，属于计算机输出设备的是（　　）。

A. 扫描仪　　B. 键盘　　C. 绘图仪　　D. 鼠标

10. 当一个文件更名后，该文件的内容（　　）。

A. 完全消失　　B. 部分消失　　C. 完全不变　　D. 部分不变

二、填空题

1. 信息技术按照信息的载体和通信方式的发展可以大致分为语言的使用、（　　）、造纸术和印刷术的发明、（　　）和（　　）五个阶段。

2. 二进制数 11101.010 转换成十进制数是（　　）。

3. 计算机中存储一个汉字占用（　　）个字节，存储一个 ASCII 码字符占用（　　）个字节。

4. 世界上第一台电子数字计算机诞生于（　　）年。

5. 在 Windows 10 操作系统中，Ctrl+C 组合键是（　　）命令的快捷键。

6. Windows 操作系统是（　　）公司开发的操作系统。

项目二 网络应用

项目导读

如今是信息时代，计算机网络被称为信息社会的基础设施，它为信息传播与交流、资源共享提供了很大的帮助，尤其是以 Internet 为代表的互联网络将世界范围内的计算机连在了一起，使得任何人在任何时间都能共享人类的信息资源。随着信息社会的进步和网络技术的不断更新，计算机网络会越来越深刻地影响科研、教育、经济发展和社会生活的各个层面，成为未来社会赖以生存和发展的重要保障。

知识框架

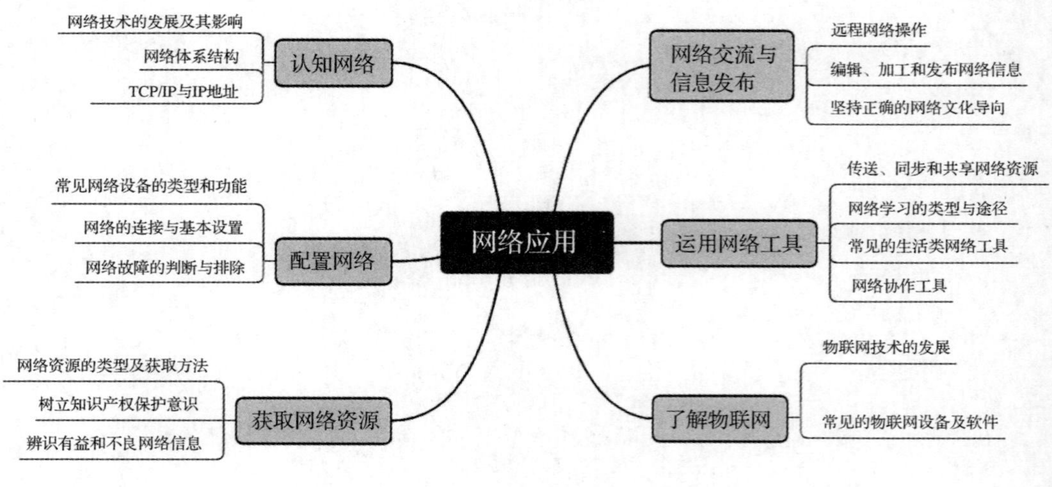

任务一 认知网络

任务描述

网络在现代社会中无处不在，仔细观察身边的事物，你能发现哪些地方应用了网络吗？这些网络的应用起到了怎样的作用？又给我们的生活带来了怎样的影响？填写表 2-1。

表2-1 项目二任务一用表

应用场景	所起的作用	对人们生活的影响

任务提示

仔细观察，上课用的计算机，平时用的手机，商场的多媒体显示屏，以及平时用的QQ、微信……这些是不是都有网络应用的影子？

任务完成

结合自己所学知识仔细观察身边的事物，还可以到图书馆或者通过网络查找相关资料完成任务。

必备知识

一、网络技术的发展及其影响

计算机网络的发展过程大致可分为以下四个阶段：

（1）面向终端的计算机网络。面向终端的计算机网络于 20 世纪 60 年代初出现，主机是网络的中心和控制者，终端与主机相连并分布在各处，即用户通过本地的终端（键盘、显示器等）来使用远程的主机，但子网之间不可以通信。

（2）计算机通信网络。20 世纪 60 年代中期出现了多个主机互联，实现了计算机与计算机之间的通信。计算机通信网络由通信子网和用户资源网构成，用户通过终端可以共享本主机和其他通信子网中的主机上的软硬件资源。但它缺乏成熟的网络操作系统来管理网络，仍是网络的初级阶段，因此被称为计算机通信网络（也称两级结构的计算机网络）。

ARPANET（阿帕网）是计算机网络技术发展的一个重要里程碑，标志着以资源共享为目的的计算机网络的诞生。它完成了对计算机网络的定义、分类，提出了资源子网、通信子网的两级网络结构的概念，采用了层次结构的网络体系结构模型与协议体系，为 Internet 的形成和发展奠定了基础。

知识链接

Internet 的前身是美国的 ARPANET，它是全世界第一个较完善的分布式跨国分组交换网。1969 年它仅有 4 个节点，1977 年其网络节点已发展到 57 个，连接不同类型的计算机 100 多台，联网用户达 2 000 多个。20 世纪 80 年代初，TCP/IP 正式成为 ARPANET 的网络协议，成为美国军用标准，随着 TCP/IP 的标准化，ARPANET 的规模不断扩大。1982 年，ARPANET 与 MILNET 等网络合并而成为 Internet 早期的主干网。

（3）遵循国际标准化协议的计算机网络。计算机网络发展的第三阶段是加速体系结构与协议国际标准化的研究与应用。20 世纪 70 年代末，国际标准化组织（International Organization for Standardization，ISO）的计算机与信息处理标准化技术委员会成立了一个专门机构，研究和制定网络通信标准，以实现网络体系结构的国际标准化。1983 年，ISO 正式颁布了一个称为“开放系统互联基本参考模型”的国际标准 ISO 7498，简称 OSI-RM（open system interconnection reference model），即著名的 OSI 七层模型。OSI 七层模型及标准协议的制定和完善大大加速了计算机网络的发展。

（4）互联网络与高速网络。从 20 世纪 80 年代末开始，计算机网络技术进入新的发展阶段，其特点是互联、高速和智能化，主要表现在以下几个方面：

①发展以 Internet 为代表的互联网。

②发展高速网络。

③研究智能网络。

知识链接

美国太空探索技术公司计划在2019—2024年间在太空搭建由约1.2万颗卫星组成的“星链”网络以提供互联网服务，其中1 584颗将部署在地球上空550 km处的近地轨道，并从2020年开始工作。2020年6月13日，美国太空探索技术公司顺利完成“星链”计划第9次发射任务，用一枚“猎鹰9”火箭将61颗卫星送入太空。

拓展训练

网络上经常会发布引发全社会关注的热点事件，这些事件对社会产生了各种深远影响。请读者思考以下两个事件对人们的影响。

1. 网络购物

天猫、淘宝、京东等电商平台已被大家熟悉，每年的11月11日和6月18日已发展为被广泛认可的两个网络购物节。

试分析这两个网络购物节对人们产生了哪些影响。

2. 网络求助

2021年7月，暴雨灾害威胁到河南郑州人民群众的生命安全，受灾群众在无网络信号的情况下，无法联系外界求助，河南省人民政府派翼龙无人机穿云破雾两次飞抵暴雨中的郑州，建立“控制基站”，打通应急通信，保障了灾区民众及时报告灾情以及救援工作的开展。

试分析网络求助对人们生活的影响。

二、网络体系结构

网络体系结构是关于计算机网络应设置哪几层，每层应提供哪些功能的精确定义。功能如何实现不属于网络体系结构的部分。换句话说，网络体系结构只是从功能上描述计算机网络的结构，不涉及每层硬件和软件的组成，也不涉及这些硬件或软件的实现问题。由此看来，网络体系结构是抽象的。

1. OSI参考模型

国际标准化组织于1981年正式推荐了一个网络系统结构——七层参考模型，称为开放式系统互联模型。这个标准模型的建立使得各种计算机网络都向它靠拢，大大推动了网络通信的发展。

OSI参考模型将整个网络通信的功能划分为七个层次，如图2-1所示。它们由低到高分别是物理层（PH）、数据链路层（DL）、网络层（N）、传输层（T）、会话层（S）、表示层（P）和

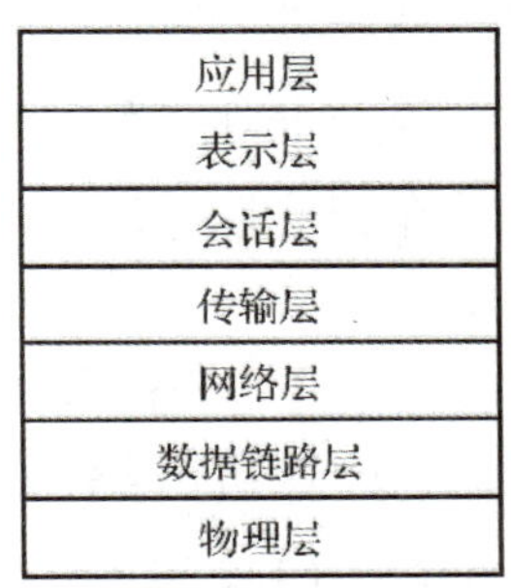

图2-1 OSI参考模型

应用层（A）。每层均完成一定的功能，且都直接为其上层提供服务，并且所有层次互相支持。第四层至第七层主要负责互操作性，而第一层至第三层则用于创建两个网络设备间的物理连接。

（1）物理层。物理层提供机械、电气、功能和过程特征，使数据链路实体之间建立、保持和终止物理连接。它对通信介质、调制技术、传输速率、接插头等具体的特性加以说明，实现二进制位流的交换能力。

（2）数据链路层。数据链路层实现以帧为单位的数据块交换，包括帧的装配、分解及差错处理的管理。若数据帧被破坏，发送端能自动重发。因此，帧是两个数据链路实体之间交换的数据单元。

（3）网络层。网络层主要控制两个实体间路径的选择，建立或拆除实体之间的连接。在局域网中通常两个实体间只有一条通道，不存在路径选择问题，但涉及几个局域网互联时就需要选择路径。在网络层中交换的数据单元称为报文分组或包（packet）。网络层具有阻塞控制、信息包顺序控制和网络记账等功能。

（4）传输层。传输层提供两个会话实体（又称为端对端、主机到主机）之间透明的数据传送，并进行差错恢复、流量控制等。该层实现独立于网络通信的端-端报文交换，为计算机节点之间的连接提供服务。

（5）会话层。会话层在协同操作的情况下支持节点间交互性活动，包括建立、识别、拆除用户进程间的连接，处理某些同步和恢复问题。为建立会话，双方的会话层应该核实对方是否有权参加会话，确定由哪一方支付通信费用，并在选择功能方面取得一致。因此，会话层是用户连接到网络上的接口。

（6）表示层。表示层进行数据转换，提供标准的应用接口和通用的通信服务，例如，文本压缩、数据编码和加密、文件格式转换，使双方均能认识对方数据的含义。

（7）应用层。应用层提供各种应用服务程序，如分布式数据库、分布式文件系统、电子邮件（E-mail）等，它是通信用户之间的窗口。

知识链接

当两台计算机通过网络通信时，一台计算机上的任何一层的软件都假定是在和另一台计算机上的同一层进行通信，如一台计算机上的传输层和另一台计算机上的传输层通信。第一台计算机上的传输层并不关心实际是如何通过该计算机的较低层，然后通过物理媒介，最后通过第二台计算机的较低层来实现通信的。

2. TCP/IP 参考模型

计算机网络体系结构中普遍采用分层的方法，OSI 参考模型是严格遵循分层模式的典范。但除了 OSI 参考模型之外，市场上还流行着一些其他体系结构，如 TCP/IP 体系结构。随着 Internet 的流行，其所使用的 TCP/IP（transmission control protocol/internet protocol，传输控制协议 / 互联网协议）体系结构已成为事实上的国际标准。TCP/IP 体系结构共分为应用层、传输层、网络互联层和网络接口层四个层次，每层实现特定功能，且都有对应的协议，TCP/IP 体系结构如图 2-2 所示。

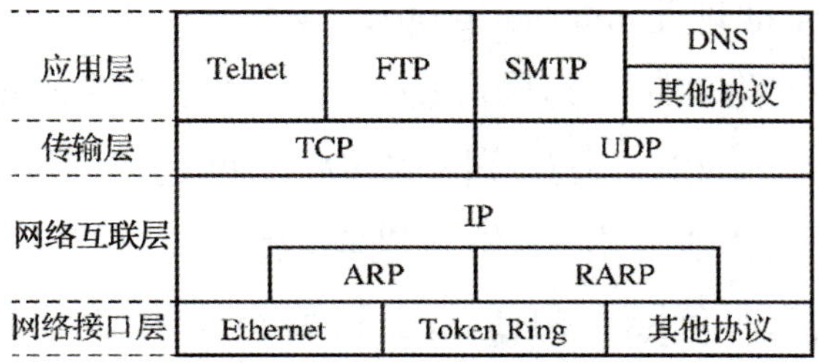

图 2-2　TCP/IP 体系结构

（1）应用层。应用层用来处理高层协议、有关表达、编码和对话控制。TCP/IP 将所有与应用相关的内容归为一层，并保证为下一层适当地将数据分组（打包）。这一层也被称为处理层。应用层的协议主要有以下几种：网络终端协议（Telnet，实现远程登录功能）；文件传输协议（FTP，用于交互式的文件传输，下载软件使用的就是 FTP）；电子邮件传输协议（SMTP，负责互联网中电子邮件的传递）；DNS，负责域名到 IP 地址的转换；简单网络管理协议（SNMP，负责网络管理）；超文本传输协议（HTTP，提供 WWW 服务）。

（2）传输层。传输层解决的是计算机程序到计算机程序之间的通信问题，即通常所说的端 - 端的通信。传输层对信息流具有调节作用，提供可靠性传输，确保数据无误到达。传输层的协议主要有传输控制协议（TCP）和用户数据报协议（UDP）。

（3）网络互联层。网络互联层解决的是计算机与计算机之间的通信问题。网络互联层主要定义了网际协议（IP）及数据分组的格式，它的主要功能是路由选择和拥塞控制。

（4）网络接口层。网络接口层也称为主机 - 网络层。网络接口层是 TCP/IP 的最低层，负责网络层与硬件设备之间的联系，这一层的协议非常多，包括逻辑链路控制和媒体访问控制。

三、TCP/IP 与 IP 地址

1. TCP/IP

TCP/IP 是指能够在多个不同网络间实现信息传输的协议簇。TCP/IP 协议不仅仅指 TCP 和 IP 两个协议，而且指一个由 FTP、SMTP、TCP、UDP、IP 等协议构成的协议簇，只是因为在 TCP/IP 协议中 TCP 协议和 IP 协议最具代表性，所以被称为 TCP/IP。

（1）TCP。TCP 位于 IP 层协议之上，是一个面向连接的协议。面向连接是指需要两个端点都同意连接才能进行通信。TCP 将要传输的数据分组后交给 IP 层实施。TCP 具有恢复丢失分组的能力，并且具有自动重传的功能，因此 TCP 具有纠错功能。TCP 与 IP 的结合有效地保障了数据在互联网上的传输。

（2）IP。IP 是互联网最基本的传输协议，提供不可靠的无连接的服务。IP 协议有三个功能：规定互联网上传送的数据格式；完成路由选择功能；包含一组不可靠分组传送的规则。

2. IP 地址

（1）IPv4 地址。IPv4 地址是 internet protocol version 4 的简称，中文译为网际协议版本 4，又称互联网通信协议第 4 版，是国际协议开发过程中的第 4 个修订版本，也是此协议第 1 个被广泛部署的版本。IPv4 是互联网的核心，也是使用最广泛的网际协议版本。

在 IPv4 编址方案中，IP 地址由 32 位二进制数组成，这 32 位二进制数被分为 4 组，每组 8 位，各组之间用“.”分隔。由于二进制数不便于书写和阅读，为了便于表示，将每组二进制数写成十进制数，每组数的取值范围为 0~255，如 192.168.1.12。

从结构上看，IP 地址由两部分组成：一部分代表网络号，用于标识主机所属的网络；另一部分代表主机号，用于标识该主机是网络中的第几号主机。其结构表示方式如图 2-3 所示。

网络号	主机号

图 2-3　IPv4 地址结构表示方式

（2）IPv6 地址。在 IPv4 中，地址是用 192.168.1.1 这种点分十进制方式来表达的，但在 IPv6 中，地址有 128 位，如果再用十进制表示就太长了，所以，IPv6 采用冒号十六进制表示法来表示地址。

IPv6 地址的 128 位被分成 8 段，每 16 位为一段，每段被转换为一个 4 位十六进制数，并用冒号隔开。例如，1234:5678:90AB:CDEF:ABCD:EF01:2345:6789。

为尽量缩短地址的书写长度，IPv6 地址可以采用压缩方式来表示。在压缩时，要遵循以下两个原则：

（1）每段中前导 0 可以去掉，但保证每段至少有一个数字，如 2012:0501:0000:0001:0000:0000:0001:E001 就可以压缩为 2012:501:0:1:0:0:1:E001，但有效位 0 不能压缩，所以，上述地址不能压缩为 212:51:0:1:0:0:1:E1。

（2）一个或多个连续的段内各位为 0 的时候可用双冒号（::）压缩表示，但一个 IPv6 中只允许有一个双冒号，如 2012:0501:0000:0001:0000:0000:0001:E001 就可以压缩为 2012:501::1:0:0:1:E001 或 2012:501:0:1::1:E001，但是不能表示为 2012:501::1::1:E001。

IPv6 地址取消了 IPv4 地址的网络号、主机号和子网掩码的概念，代之以前缀、接口标识符、前缀长度；IPv6 地址也不再有 IPv4 地址中的 A 类、B 类、C 类等地址分类的概念。

①前缀：IPv6 前缀的作用与 IPv4 地址中的网络号部分类似，用于标识该地址属于哪个网络。

②接口标识符：IPv6 接口标识符与 IPv4 地址中的主机号部分类似，用于标识该地

址在网络中的具体位置。

③前缀长度：IPv6 前缀长度的作用类似于 IPv4 地址中的子网掩码，用于确定地址中哪一部分是前缀，哪一部分是接口标识符。

例如，地址 2012:0501:0000:0001:0000:0000:0001:E001/64，其中 /64 表示此地址的前缀长度是 64 位，所以此地址的前缀就是 2012:0501:0000:0001，接口标识符就是 0000:0000:0001:E001。

实践体验

台式计算机、手机、平板电脑、家用路由器等网络设备均需要配置IP地址。下面请在个人设备中找到IP地址，并观察设备端口的使用情况。

1. 记录 IP 地址

在Windows 10操作系统中可以执行“开始”→“设置”命令，打开“设置”窗口，在“网络和Internet”中查看无线网络或以太网的网络配置信息。在手机或平板电脑系统中，也可以在“设置”→“无线局域网”中查看当前连接的网络属性。将结果记录在表2-2中。

表2-2 记录IP地址

设备类型	网络接入方式	IP地址	IP地址获取方式
台式计算机			
手机			
平板电脑			

2. 体验端口

在浏览器地址栏中输入以下网址（表2-3），观察结果，并记录。

表2-3 记录网页访问结果

网址	访问结果（正常或错误提示信息）
http://www.baidu.com	
http://www.baidu.com:800	
https://www.baidu.com	
https://www.baidu.com:80	

任务二 配置网络

任务描述

本任务介绍配置计算机的 IP 地址和手机加入无线网的具体操作。通过本任务，学生应该掌握必要的网络配置操作。

任务提示

计算机、手机都是网络终端设备，通常情况下，计算机可以连入有线网络，手机需要连入无线网络。

任务完成

1. 设置计算机的静态 IP 地址

视频
设置计算机的静态 IP 地址

默认情况下，处于局域网中的计算机，当将网线水晶头插入计算机主机机箱后面的网线接口后，系统会自动连入网络并动态获取 IP 地址。但当局域网中计算机数量比较多时，采取动态 IP 地址容易引起 IP 地址冲突，这时可以为每台计算机设置静态 IP 地址，具体方法如下：

步骤 01 ：单击“开始”按钮，打开“开始”菜单，单击“设置”按钮，在弹出的“Windows 设置”窗口中单击“网络和 Internet”按钮，进入“状态”界面，如图 2-4 所示。

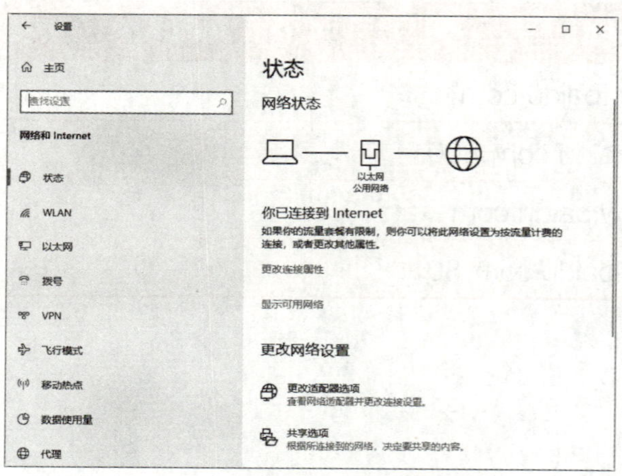

图 2-4 进入“状态”界面

步骤 02：在左侧选择“以太网”选项，进入“以太网”界面，在右侧单击“更改适配器选项”链接，弹出“网络连接”窗口，如图 2-5 所示。

图 2-5 “网络连接”窗口

步骤 03：右击“以太网”选项，在弹出的快捷菜单中选择“属性”命令，弹出“以太网 属性”对话框，如图 2-6 所示。在列表框中选择“Internet 协议版本 4（TCP/IPv4）”选项，单击“属性”按钮，弹出“Internet 协议版本 4（TCP/IPv4）属性”对话框，可以看到默认状态下为自动获取的 IP 地址和 DNS 服务器地址。选中“使用下面的 IP 地址”单选按钮，如图 2-7 所示，然后根据需要设置静态 IP 地址、子网掩码、网关 IP 地址及 DNS 地址即可。

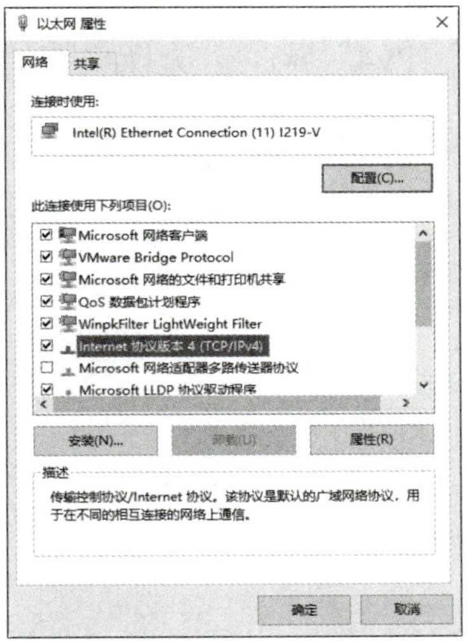

图 2-6 “以太网 属性”对话框

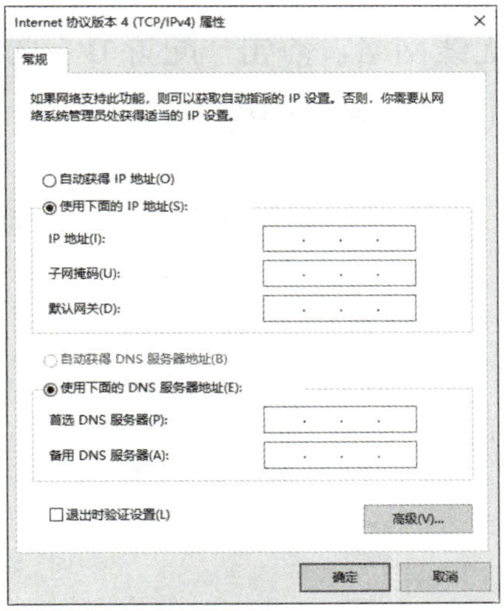

图 2-7 “Internet 协议版本 4（TCP/IPv4）属性”对话框

2. 手机连入无线网

当我们身处无线局域网络中时，就可以不使用手机流量了。那么，手机该如何连入无线网呢？此处以 A 手机为例进行介绍。

步骤 01：点击手机屏幕上的“设置”按钮，进入“设置”界面，点击“无线局域网”选项，进入“无线局域网”界面，系统将自动扫描附近存在的无线网络，如图 2-8 所示。

步骤 02：点击要加入的网络，进入“输入密码”界面，如图 2-9 所示。

步骤 03：输入对应的密码，然后点击右上角的“加入”按钮，即可连入无线局域网。默认情况下，手机系统连入无线局域网后，会自动获取 IP 地址，如果需要，用户可以自行设置 IP 地址。在连入的无线网络右侧有一个ⓘ标识，点击该标识，进入对应的设置界面，如图 2-10 所示。

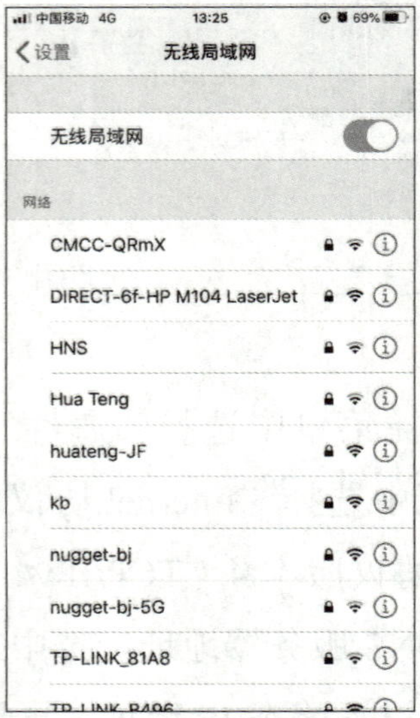

图 2-8 “无线局域网”界面

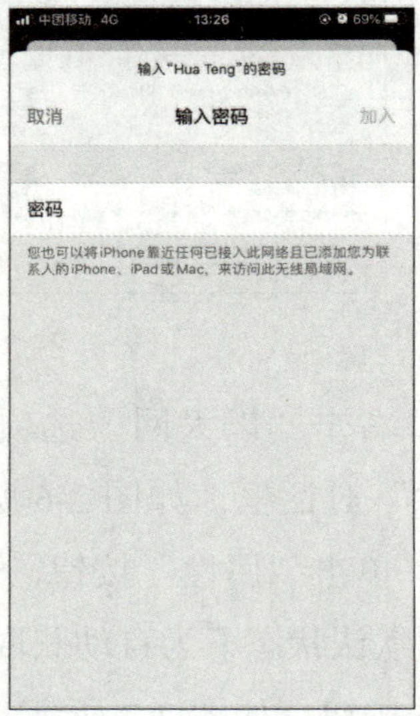

图 2-9 “输入密码”界面

步骤 04：开启“自动加入”开关，则以后进入该无线局域网范围内，手机便会自动连接该无线网络。点击“配置 IP”选项，进入“配置 IPv4”界面，选择“手动”选项，然后输入 IP 地址和子网掩码，再点击“存储”按钮即可，如图 2-11 所示。

图 2-10 无线网络对应的设置界面

图 2-11 “配置 IPv4”界面

必备知识

一、常见网络设备的类型和功能

（1）调制解调器。调制解调器是调制器和解调器的简称，是一种计算机网络硬件，如图 2-12 所示。它能把计算机的数字信号转换成可沿传输介质传送的模拟信号，而这些模拟信号又可被线路另一端的另一个调制解调器接收，并译成计算机可理解的语言。随着光纤的普遍使用，在传统的 ADSL 调制解调器的基础上，发展出适合于光纤连接的光电转换器。光电转换器有百兆光纤和千兆光纤收发器之分，其数据传输速率达 1 Gbit/s。

图 2-12　调制解调器

（2）网卡（network interface card，NIC）。每台计算机上都必须安装网卡，网卡是计算机联网所需的基本部件。它一方面连接计算机，另一方面连接局域网中的传输介质。网卡完成物理层和数据链路层的大部分功能，包括网卡与传输介质的物理连接、介质访问控制、数据帧的拆装、帧的发送与接收、错误校验、数据信号的编 / 解码、数据的串 / 并行转换等功能。在网卡的存储器中保存了一个全球唯一的网络节点地址，这个地址称为介质访问控制（medium access control，MAC）地址，又称为硬件地址或网卡物理地址。

（3）交换机。交换机是一种网络集中设备，如图 2-13 所示。它是用来集中连接其他网络的，这里的“交换”是指对集线器的共享工作模式的改进。交换机可以把网络分段，通过对照 MAC 地址表，只允许必要的网络流量通过。

图 2-13　交换机

（4）路由器。路由器是将一个网络（一般为局域网）接入另一个网络或实现网络互联的必选设备，如图 2-14 所示。其主要功能是实现不同类型网络之间的数据翻译，使一种类型的网络（如以太网）能读懂另一种类型的网络（如令牌环网）发送过来的数据。路由器用于连接网络层、数据链路层、物理层。路由器必须具有路由选择和数据转发两个基本功能。

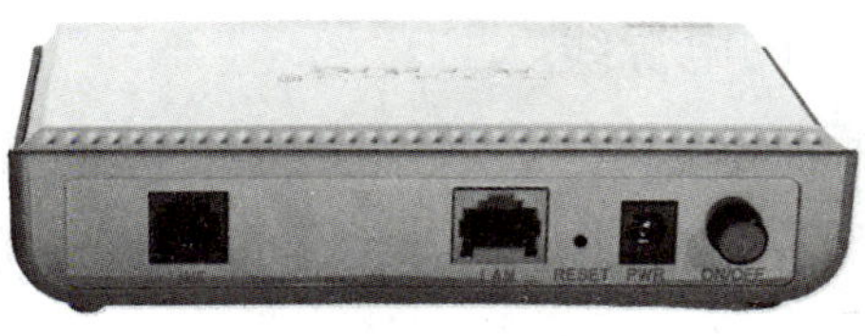

图 2-14　路由器

（5）中继器。中继器是局域网环境下用来延长网络传输距离的网络互联设备，作用在 OSI 参考模型的物理层。中继器对在线路上的信号具有放大再生的功能，用于扩展局域网网段的长度（仅用于连接相同的局域网网段）。

拓展训练

学校中的计算机网络是一个典型的局域网，通常会由不同的子网组成，一个计算机教室通常也会配置成一个独立的局域网。

1. 观察学校中的计算机网络

以计算机教室为例，可以看到所有计算机的网线都连接到机柜内的交换机上，由于单个交换机的接口小于计算机的数量，需要把 3 个交换机进行级联。楼层和校园的网络连接方式与计算机教室的类似，需要有响应的交换机。在学校的网络中心会有整个学校的中心交换机、路由器、硬件防火墙等网络设备。

2. 观察交换机

观察交换机的外壳，可以获得交换机的一些信息。观察学校机房中的交换机，填写以下信息。

（1）观察到的交换机型号为（　　），接口数为（　　）。

（2）查询到同一种交换机的接口速率为（　　）。

3. 观察路由器

仔细观察路由器的外壳，可以获得路由器的一些信息。观察学校机房中的路由器，填写以下信息。

（1）观察到的路由器型号为（　　），接口数为（　　）。

（2）查询到同一种路由器的接口速率为（　　）。

二、网络的连接与基本设置

1. 设置有线连接

若使用的台式计算机中没有安装无线网卡，则需要使用网线连接才能在计算机中连接互联网。设置有线连接的具体操作如下：

（1）将光纤线的一端插入 Modem 的 LINE 接口，将网线的一端插入 Modem 的 LAN 接口，然后连接 Modem 的电源线。

（2）准备好宽带路由器，找到其他广域网接口和电源接口。

（3）将与 Modem 连接的一端网线插入路由器的 WAN 接口，并接通路由器的电源。

（4）将网线一端插入路由器的 LAN 接口。

（5）将网线的另一端插入计算机主机上的网卡接口，如图 2-15 所示。

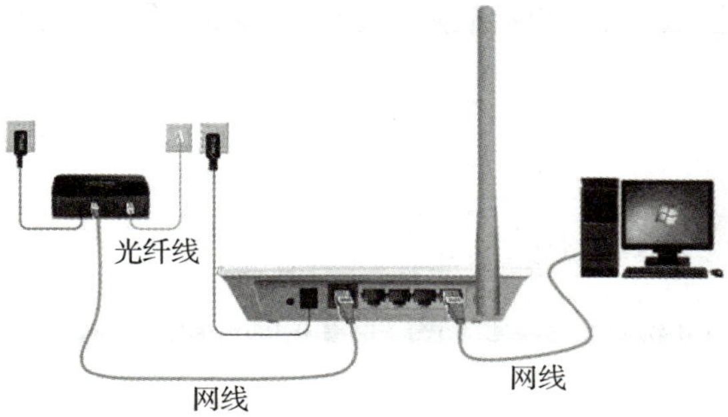

图 2-15 设置有线连接

2. 配置路由器

将路由器连接到宽带后，还需要在计算机中进行设置，才能实现共享上网，为了防止他人蹭网，可对路由器设置密码，其具体操作如下：

（1）完成硬件搭建后，启动浏览器，在地址栏中输入“192.168.1.1”，按 Enter 键，进入“无线路由器”界面。在“请输入管理员密码”文本框中输入密码，单击“确认”按钮。

（2）进入“无线宽带路由器”设置页面，在左侧的列表框中选择“设置向导”选项，进入“设置向导”界面，在右侧的“设置向导 - 开始”对话框中单击“下一步”按钮，如图 2-16 所示。

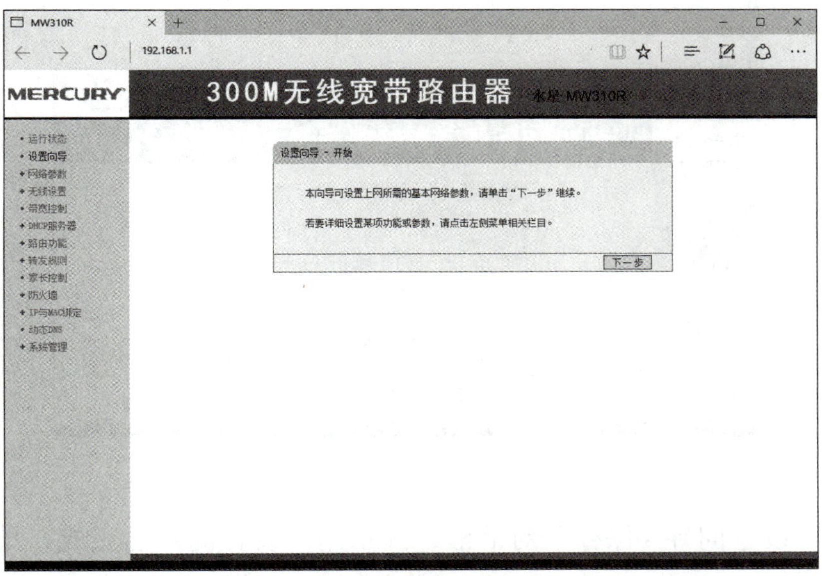

图 2-16 单击“下一步”按钮

（3）弹出“设置向导 - 以太网接入方式”对话框，选中“PPPoE（DSL 虚拟拨号）”单选按钮，单击“下一步”按钮，如图 2-17 所示。

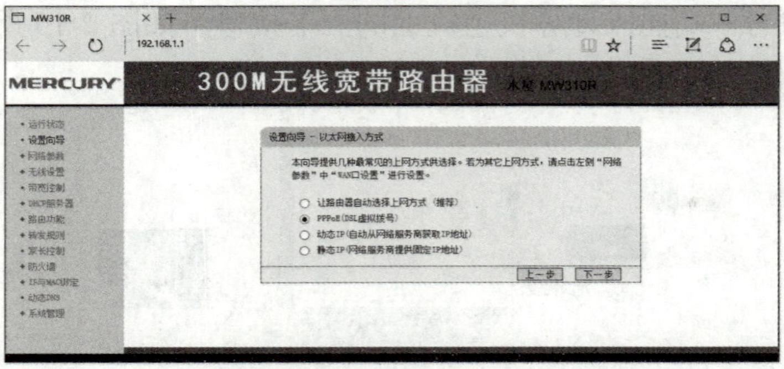

图 2-17　设置以太网接入方式

（4）弹出“设置向导 -PPPoE”对话框，依次输入相应的用户名和密码，单击“下一步”按钮，如图 2-18 所示。

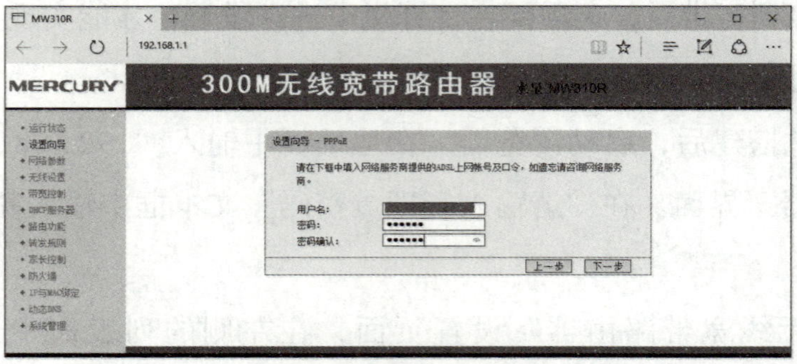

图 2-18　输入用户名和密码

（5）弹出“设置向导 - 无线”对话框，设置无线密码，单击“下一步”按钮，如图 2-19 所示。

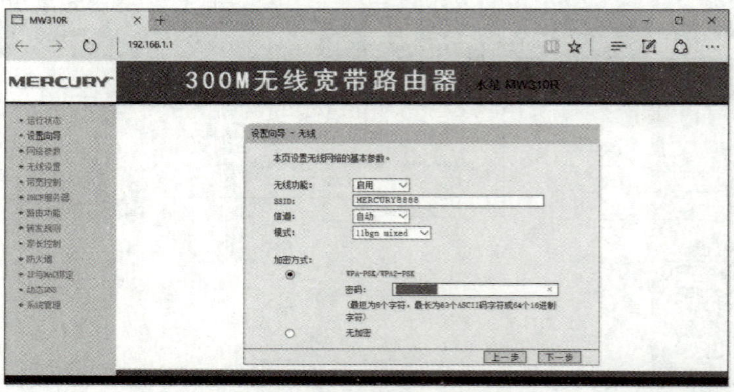

图 2-19　设置无线密码

（6）弹出“设置向导 - 保存”对话框，提示用户设置向导已完成，单击“保存”按钮即可。

3. 计算机连接无线网络

在信息化高度发达的今天，无线网络已经成为网络发展的主流方式，具有不受地域限制、无须进行布线设计等优点。由于智能手机等移动设备可以通过无线网络连接，因此，无线网络非常适合家庭使用。连接无线网络的具体操作如下：

单击任务栏中的网络图表，在弹出的对话框中会显示无线网络的列表，单击需要连接的网络名称，在展开项中单击“连接”按钮，如图 2-20 所示。在“输入网络安全密钥”文本框中输入无线网络密码，单击“下一步”按钮，即可开始连接网络，如图 2-21 所示。

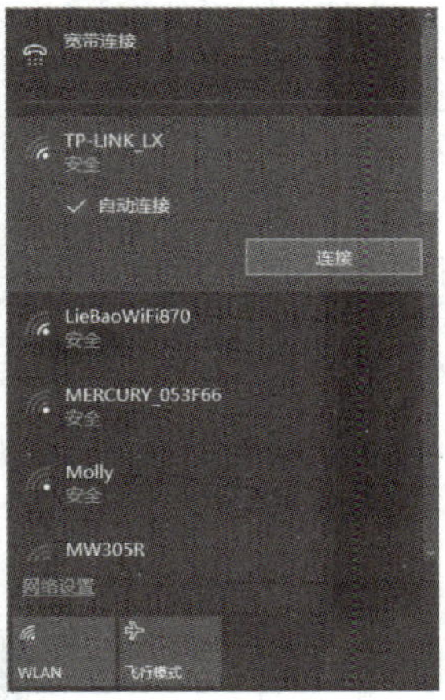

图 2-20 单击“连接”按钮

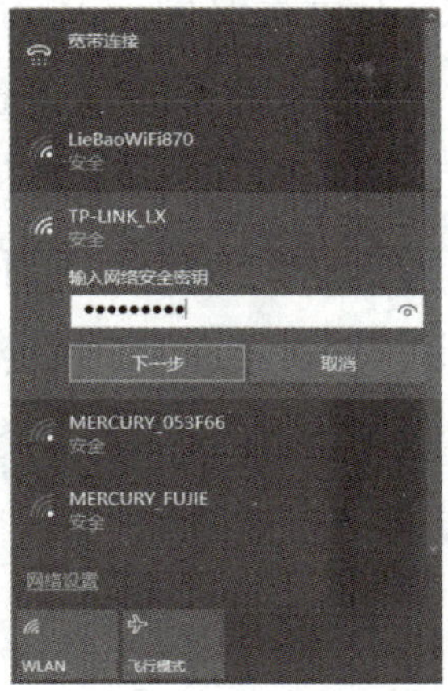

图 2-21 输入无线网络密码

三、网络故障的判断与排除

网络故障是指网络因为某些原因而不能正常、有效地工作，或者网络连接出现中断。

1. 网络故障产生的主要原因

（1）网络链路问题。网络链路是故障发生后首先应当考虑的因素。链路问题通常与网卡、跳线、信息插座、网线、交换机等设备和通信介质有关。

（2）配置文件和配置选项问题。所有的交换机和路由器都有配置文件，所有的服务器、计算机都有配置选项。配置文件和配置选项设置不当，同样会导致网络故障。

（3）网络协议问题。网络协议问题是由网络协议的安装或配置错误导致的。

（4）网络服务问题。网络服务问题主要包括三方面，即服务器硬件故障、网络操作系统故障和网络服务故障。

2. 网络故障的诊断方法

（1）试错法。试错法是一种通过不断地试探、推测而得出故障原因的方法。当计算机网络出现故障时，先不要急于下结论，而应该试着采用一种措施，查看是否能解决问题，如果问题没有得到解决，就继续尝试其他的措施，直到问题得到解决为止。

（2）参照法。参照法是一种可以比较快速解决网络故障的方法，它并不需要处理人员懂很多的网络知识或具有很多的网络故障排除经验，但前提是只有在故障设备与正常工作设备相近的情况下才可以使用该方法。

（3）替换法。替换法是一种常用的网络检测与维护方法。采用该方法，网络管理员必须明确导致故障发生的原因，并且有正常的设备可供选择。这种方法的最大困难在于确定产生故障的原因，并且只有在发生故障的组件存在缺陷的情况下此方法才有效。

3. 网络硬件故障检测工具

（1）网络测试仪。网络测试仪（图 2-22）通常也称专业网络测试仪或网络监测仪，是一种可以检测 OSI 参考模型定义的物理层、数据链路层、网络层运行状况的便携可视的智能监测设备，主要适用于局域网故障检测、维护和综合布线施工。

（2）数字万用表。数字万用表（图 2-23）是一种多用途电子测量仪器，一般包括安培计、电压表、欧姆计的功能，有时也称为万用计、多用计、多用电表或三用电表。数字万用表有用于基本故障诊断的便携式装置，也有放置在工作台的装置。

（3）超五类线缆分析仪。超五类线缆分析仪（图 2-24）既可以测试超五类双绞线线缆，也可以测试单 / 多模光纤。

图 2-22　网络测试仪

图 2-23　数字万用表

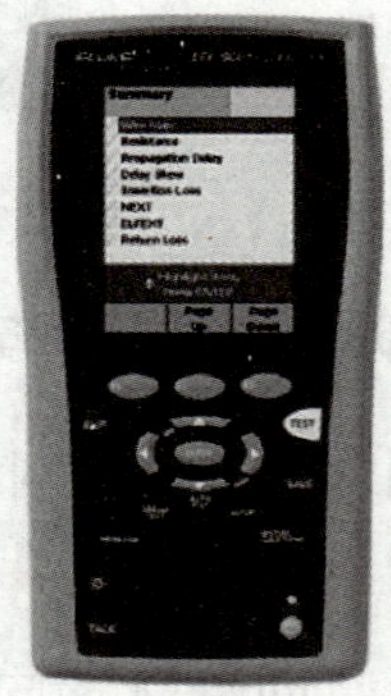

图 2-24　超五类线缆分析仪

4. 网络故障检测常用命令

（1）ipconfig 命令。ipconfig 命令用于显示所有当前的 TCP/IP 网络配置信息，其语法格式如下：

```
ipconfig [/?][/all][…]
```

主要参数说明如下：

① /?：查看 ipconfig 命令的所有参数及格式。

② /all：显示所有适配器的完整 TCP/IP 信息，若无该参数，则只显示 IP 地址、子网掩码和默认网关值。

（2）ping 命令。ping 命令是 Internet 包探索器，用于测试网络连接，它的原理是发送一个 ICMP 回声请求给目的地，并报告是否收到所希望的 ICMP 回声应答。ping 命令的语法格式如下：

```
ping [-t][-l size][-a][…] 目的 IP 地址
```

主要参数说明如下：

① -t：不间断地 ping 指定的目的节点，直到按快捷键 Ctrl+C 终止。

② -l size：发送指定数据量的 ECHO 数据包，默认为 32 字节，可指定最大为 65 500 字节。

③ -a：将地址解析为计算机 NetBIOS 名。

④若不带任何参数和目的 IP 地址，输入 ping 命令，将提示该命令的所有参数和格式。

（3）tracert 命令。tracert 命令是路由跟踪命令，用于确定 IP 数据包访问目标所采取的路径。tracert 命令的语法格式如下：

```
tracert 目标主机的名称或 IP 地址
```

在命令行窗口输入 tracert，不带目标地址和任何参数，将显示该命令的所有参数和格式。

（4）netstat 命令。netstat 命令可以显示路由表、实际的网络连接及每个网络接口设备的状态信息，一般用于检验本机各端口的网络连接情况，可以让用户得知目前有哪些网络连接正在运作。netstat 命令的语法格式如下：

```
netstat [?][-a][-e][-n][-p proto][-r][…]
```

主要参数说明如下：

① ?：显示所有参数信息。

② -a：显示所有连接和监听端口。

③ -e：显示以太网统计信息。

④ -n：以数字形式显示地址和端口号。

⑤ -p proto：显示由 proto 指定的协议的连接，proto 可以是 TCP、UDP、TCPv6 或 UDPv6 之一。

⑥ -r：显示路由表。

实践体验

（1）打开命令提示符窗口，分别执行“ping www.baidu.com”和“ping 127.0.0.0”命令，观察两条命令的执行结果有什么不同，分析执行结果分别代表什么意思，以及为什么会产生这样的结果。

（2）试想一下，如果手机中没有SIM卡，手机可以连入无线网络吗？

（3）尝试用手机连入机房中的无线网络，并将IP地址设置成固定IP地址。

任务三 获取网络资源

任务描述

我们可以通过网络完成许多事情，如购物、订酒店、订火车票、订飞机票、下载资源、在线观看电影、在线听音乐等。本任务介绍如何在网络中获取网页资料、图片、音乐等资源。此处以在计算机上获取资源为例进行介绍。

任务提示

在完成任务的过程中，每个人可以根据自己的实际情况（如周围环境、个人兴趣、经济条件等）进行选择，尽量有差异性。另外，可以几个人组成小组，以小组的形式完成任务，充分拓展小组成员的思维。

任务完成

1. 搜索并收藏网页信息

步骤 01：启动 Microsoft Edge（或者 IE），在浏览器的地址栏中输入 www.baidu.com 并按 Enter 键，进入百度首页。在搜索框中输入关键字“财务报表”，百度会自动显示关键字列表，如图 2-25 所示。

步骤 02：输入完成单击“百度一下”按钮或者按 Enter 键进入搜索结果页面，显示出“财务报表”的搜索结果，然后单击“财务报表 - 百度百科”链接，即可打开网页，如图 2-26 所示，浏览搜索出的网页信息。

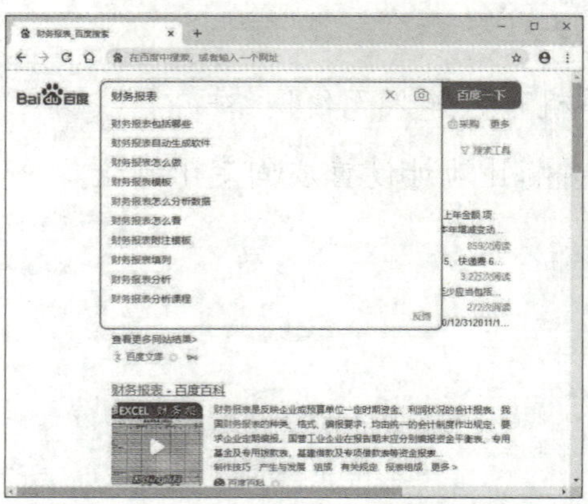

图 2-25　自动显示关键字列表

图 2-26　“财务报表”的百度百科页面

步骤 03：在工具栏中单击"将此页面添加到收藏夹"按钮☆，弹出"已添加到收藏夹"对话框，如图 2-27 所示。设置好收藏名称和位置，单击"完成"按钮，即可收藏网页信息。当需要查看收藏的页面时，可以单击工具栏中的"收藏夹"按钮☆，在弹出的列表中可以选择已经收藏的网页，如图 2-28 所示。

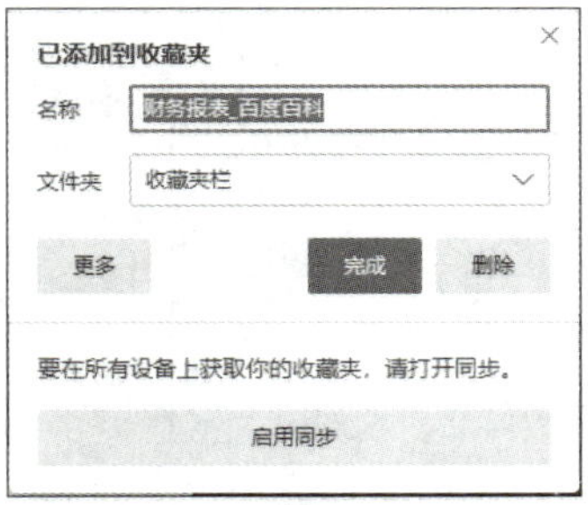

图 2-27 "已添加到收藏夹"对话框

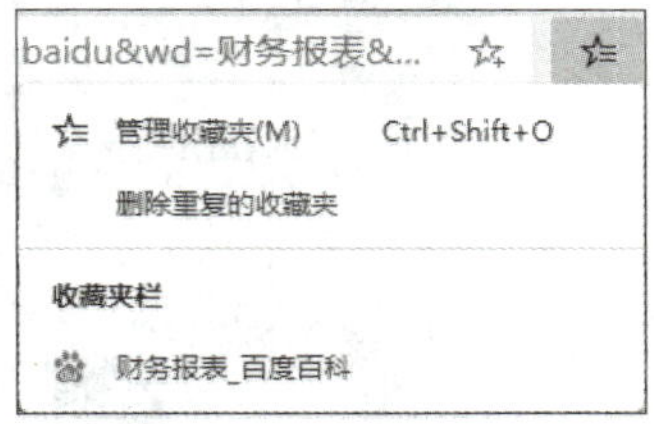

图 2-28 "收藏夹"对话框

2. 搜索并保存网络图片

步骤 01：在百度主页界面的搜索框中输入关键字"流星雨"，然后按 Enter 键，进入"流星雨"搜索结果页面，在搜索类别栏中单击"图片"选项，进入图片搜索结果页面，单击需要查看的图片，进入图片查看页面。在图片上右击，在弹出的快捷菜单中选择"将图像另存为"命令，如图 2-29 所示。

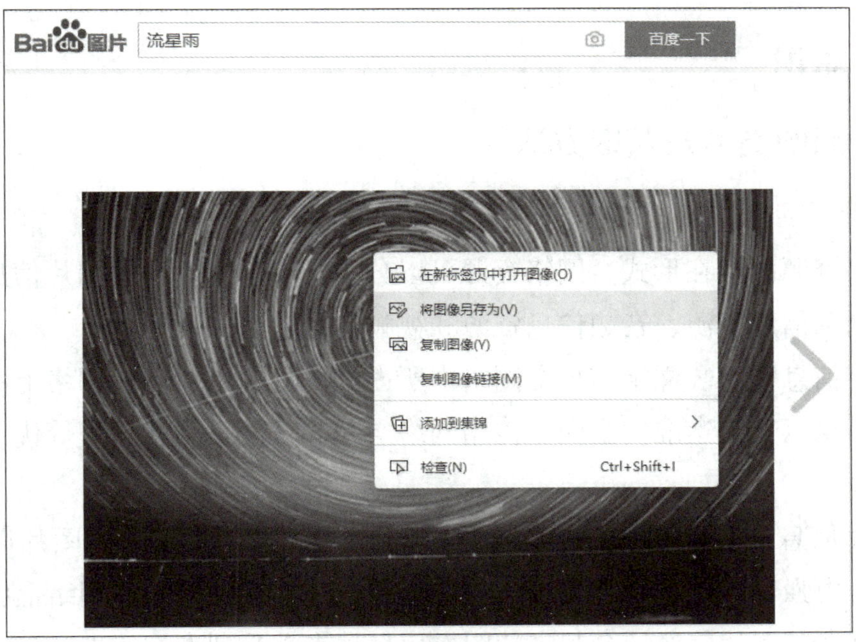

图 2-29 选择"将图像另存为"命令

步骤 02：弹出"另存为"对话框，设置好图片的保存名称和保存路径，单击"保存"按钮，即可保存网络图片。

3. 搜索并聆听音乐

步骤 01：按照前面的方法启动 Microsoft Edge，在百度主页面的搜索框中输入关键字“像鱼 QQ 音乐”，按 Enter 键。

步骤 02：进入搜索结果页面，单击 QQ 音乐网页超链接，进入 QQ 音乐页面，单击“播放”按钮即可播放音乐，如图 2-30 所示。

图 2-30　单击“播放”按钮播放音乐

必备知识

一、网络资源的类型及获取方法

1. 网络资源的类型

按照网络资源的存在形式，网络资源可以分为文字信息资源、图片信息资源、图表信息资源、动画信息资源、音频信息资源和视频信息资源。

（1）文字信息资源。文字信息在网络中所占的比例最大。虽然网络上的信息形式多样，但文字信息以其表达准确全面、占用网络空间小、便于网站管理等优点处于非常重要的地位。

（2）图片信息资源。图片是网络中必不可少的一种信息形式。图片以其美观、易读、视觉冲击力强等优点越来越受到人们的喜爱。纯文字的网页在网络上已经失去了优势，而文字信息与图片信息结合起来的图文信息越来越受到人们的喜爱。

（3）图表信息资源。图表可以将枯燥的数字具体化和形象化。如果稿件是针对某一主题进行的数据分析，或者是行业发展报告，或者是简单地对一组数据进行的整理、对比等，那么使用图表再合适不过了。图表有很多种，如柱状图、饼形图、Excel 表等。

（4）动画信息资源。动画是对静态图片的延伸。动画的发展丰富了网络信息资源的形式，增加了信息沟通的趣味性。

（5）音频信息资源。音频信息可以对文字信息进行有力的补充，增强了现场感。同时，数字化技术使得音频（数字音频）在编辑、合成、效果处理、存储、传输等方面较传统的模拟音频信号具有极大的优势。

（6）视频信息资源。视频信息兼有图片信息、动画信息和音频信息的优点，是网络上必不可少的信息资源形式。网络技术的发展和网络速度的增快使视频信息资源越来越丰富。

2. 网络资源的获取方法

（1）搜索引擎。搜索引擎是网络信息资源获取的主要途径之一。搜索引擎是指根据一定的策略，运用特定的计算机程序收集互联网上的信息，在对信息进行组织和处理后为用户提供检索服务的系统。

（2）专业网站。专业网站所提供的信息量大、内容全面、数据准确，是最简单、最直接获取信息的方式。

（3）信息采集软件。由于网络信息内容丰富庞杂，同时又混乱无序，用户需要收集大量信息时如果仅靠人工收集，速度慢且容易漏掉重要的内容，但是通过信息采集软件进行网站内容收集就可以提高信息搜集的效率和准确性。

（4）各种社区。随着科技的发展，普通用户在网络信息的创造和传播过程中发挥着越来越重要的作用。在互联网上，每个账号都像一个小小的媒体，用户登录账号后可以发帖子、转微博、评新闻……其表达的信息、观点、态度汇入互联网中。用户自主创造内容已成为互联网的热点。

（5）网络数据库。网络数据库具有信息量大、更新快、数据标引深度高、检索功能完善等特点，是获取信息资源的一种有效途径。

拓展训练

随着移动互联网的不断发展，越来越多的网络工具出现在我们的日常生活中，为我们提供便捷的服务。例如，利用美团网旗下的网上订餐平台——美团外卖，我们只需要动动手指，美食很快就会送到我们手中。

让我们通过使用美团 App 订餐，体验网上购物和移动支付等网络工具和服务为我们生活带来的便利。

（1）首先在手机上安装美团 App，然后启动美团 App，注册并登录后进入其首页，如图 2-31 所示。

（2）在美团 App 首页点击“外卖”图标，进入“外卖”界面，点击底部的“更多”图标，如图 2-32 所示，在展开的列表中选择“管理地址”选项。

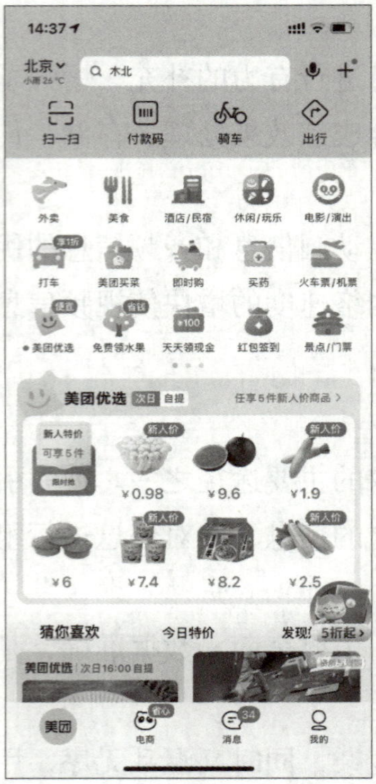

图 2-31　美团 App 首页

图 2-32　“外卖”界面

（3）打开“我的收货地址”界面，点击右上角的“新建地址”链接文字，打开“新增收货地址”界面，填写收货地址、联系人及手机号码等信息，最后点击“保存地址”按钮。

（4）在“外卖”界面选择自己喜欢的菜品后支付订单。此时自动进入订单状态界面，在此界面可实时查看订单状态，如商家和骑手是否接单、送货状态等。

二、树立知识产权保护意识

1. 知识产权的概念

知识产权是保护作品、发明、商标、地理标志、植物新品种、集成电路布图设计、计算机软件、商业秘密等知识的权利，它的内容是保护知识产权人对他的这些知识进行利用。只有知识产权人才能利用受知识产权保护的知识，而其他人需要用受知识产权保护的知识时必须经知识产权人的许可，否则就会构成侵权，要承担法律责任。

2. 知识产权的特征

（1）知识产权的独占性。只有权利人才能享有该权利，他人不经权利人许可不得行使该权利。知识产权是一种无形产权，是智力创造性劳动取得的成果，并且是由智力劳动者对其成果依法享有的一种权利。这种智力成果是思想的表现，但它又与思想的载体不同。权利主体独占智力成果为排他的利用，这一点类似于物权中的所有权，所以过去将之归入财产权。

（2）知识产权的对象是人的智力创造，属于智力成果权。它是指在科学、技术、文化、艺术领域从事一切智力活动而创造的精神财富依法所享有的权利。

（3）知识产权取得的利益既有经济性的也有非经济性的，这两方面结合在一起不可分割。因此，知识产权既与人格权、亲属权不同，也与财产权（其利益主要是经济的）不同。

（4）知识产权的地域性和时间性。知识产权的地域性是指除签有国际公约或双边、多边协定外，依一国法律取得的权利只能在该国境内有效，受该国法律保护。知识产权的时间性是指各国法律对知识产权分别规定了一定期限，期满后则权利自动终止。

3. 知识产权保护的重要意义

（1）保护和发展社会生产力。民法确认科技成果人的民事主体地位，保护他们对其创造发明、科技成果依法享有的权利，旨在发挥科学技术的先导作用，加速科技成果转化为社会生产力。

（2）促进对外经济技术和文化的交流与合作。知识产权民法保护有利于广泛调动科学、技术、文学、艺术工作者的积极性，开发其智力成果，开拓技术市场，引进先进技术，扩大对外经济技术、科学文化的交流与合作。

（3）促进社会主义精神文明和物质文明建设。建立和完善知识产权民法保护制度，有助于深化科学技术创造发明、文学艺术创作活动的行政管理体制改革，进一步把尊重知识、尊重人才制度化，法律化，确保脑力劳动者的国家主人地位和实现战略任务的“必须依靠力量”，激发其主人翁责任感和创造精神，从而促进社会主义精神文明和物质文明建设。

三、辨识有益和不良网络信息

网络如同一个巨大的信息资源库，里面的信息资源浩如烟海，因此也会存在信息资源质量良莠不齐的问题。有益的信息会促进社会发展，帮助人们自我成长；不良信息就如同社会的毒瘤一般，严重损害人自身和社会的发展。对于身处学校的学生来说，他们还未深入接触社会，经验不足，缺乏一定的辨别是非的能力，很容易受到一些不良信息的诱惑与蒙蔽，因此，掌握必要的辨识方式，对于其自身的成长十分必要。

一般来说，可以从以下三个方面来辨识网络信息：

（1）信息资源来源是否正规。网络中充斥着大量的虚假信息，需要仔细辨别。通常一个很有效的途径就是辨别这些信息的来源渠道是否正规，如政府官方网站、专业机构官方网站、权威机构官方网站等发布的信息是正规的，可信度比较高。

（2）信息资源价值取向是否符合主流价值观。判断网络信息资源是否是不良信息的另一个方式就是将其价值观与当前社会主流价值观进行比对，看其是否与主流价值观相违背，如果违背，那么就可能属于不良信息。

（3）信息资源的时效性。网络中存在一些信息，它们不一定是恶意信息，但是因为时代的发展而被淘汰摒弃了。例如，一些政策法规十年前是一种说法，后因为社会的进步，此说法被摒弃了，但是十年后还有人在宣传十年前的说法，这种信息也属于不良信息。

实践体验

迅雷是当前较常用的网络资源下载工具。使用迅雷可以高速下载各种网络资源，并可对正在下载或已下载的资源进行有效的管理，如暂停下载、从暂停处重新开始下载、查看下载的资源、对下载的资源自动查杀病毒等。请在电脑中安装迅雷软件，并使用迅雷下载感兴趣的网络资源。迅雷的主界面如图2-33所示。

图 2-33　迅雷的主界面

任务四　网络交流与信息发布

任务描述

在现代社会中，网络交流的方式多种多样，PC 端的论坛、即时通信软件（如 QQ、微信）、贴吧、E-mail 等，移动端的微信、微博、抖音、快手等，都是交流的方式。本任务主要介绍使用 QQ 进行网络交流的方式。

任务提示

要想使用 QQ，必须先将 QQ 下载并安装到计算机中（也可以是手机上，此处以在计算机中使用 QQ 进行交流为例进行介绍），然后注册账号、添加好友，最后才能进行各种交流。

任务完成

步骤 01：可以在腾讯官网下载 QQ，也可以使用百度搜索 QQ 并打开相应的下载页面下载，还可以通过 360 软件管家之类的软件下载 QQ，然后将其安装到计算机中。

步骤 02：运行已安装的 QQ，进入 QQ 登录界面，如图 2-34 所示。单击界面左下角的“注册账号”链接，进入 QQ 注册界面，如图 2-35 所示。

图 2-34　QQ 登录界面

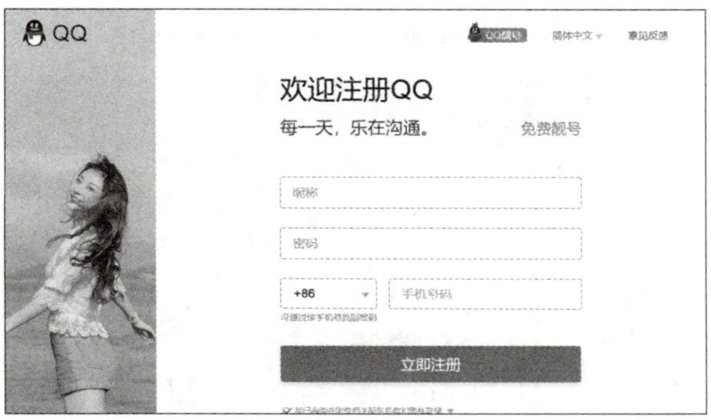

图 2-35　QQ 注册界面

步骤 03：输入信息完成后，获取手机验证码并输入，单击“立即注册”按钮，完成注册，如图 2-36 所示。

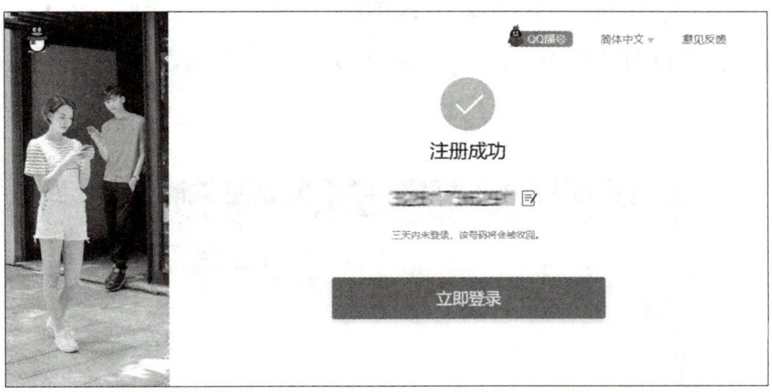

图 2-36　注册成功界面

步骤 04：单击“立即登录”按钮，进入登录界面，输入账号和密码，单击“登录”按钮，弹出验证界面，如图 2-37 所示。拖动滑块完成验证，稍后进入身份验证界面，如图 2-38 所示。

步骤 05：单击“更换验证方式”按钮，进入“密保手机”界面，如图 2-39 所示。

单击“密保手机”按钮，然后按照要求进行相应验证操作，如图 2-40 所示。

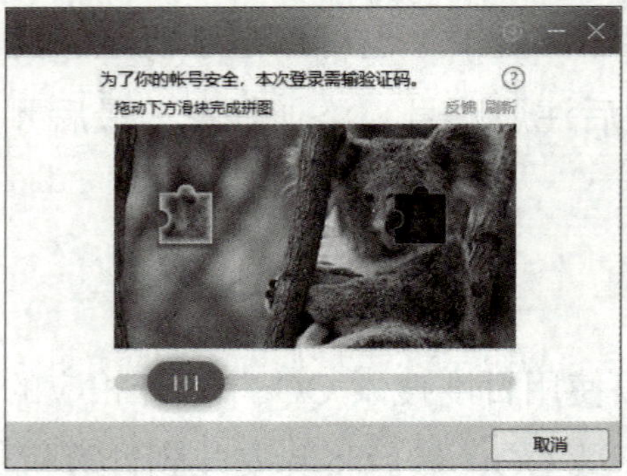

图 2-37 验证界面

图 2-38 身份验证界面

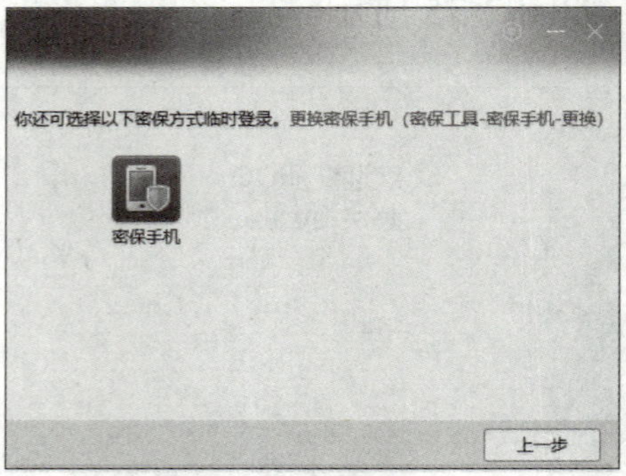

图 2-39 “密保手机”界面

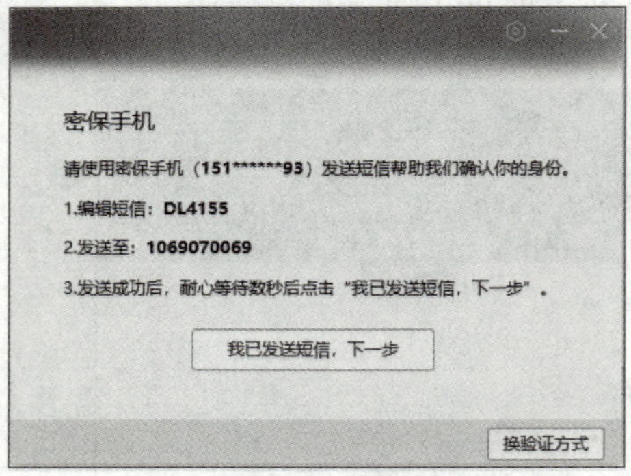

图 2-40 短信验证

提示：发送短信验证方式通信运营商会收取相应的短信费，此时用户可以先安装手机端，然后利用手机端登录 QQ 账号。

步骤 06：登录 QQ 后，由于是新申请的账号，所以没有好友，需要自行添加。在 QQ 主界面中，单击左下角的“加好友”按钮，弹出“查找”窗口，在“找人”选项卡下的文本框中输入要查找的 QQ 号码，然后单击“查找”按钮，即可显示搜索结果，如图 2-41 所示。

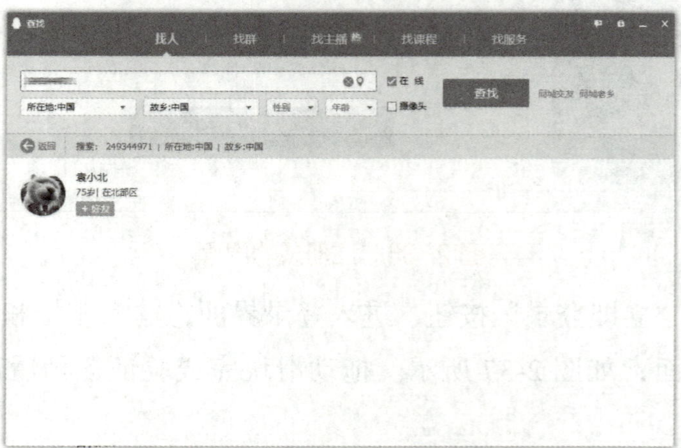

图 2-41 查找好友

步骤 07：单击找到的账号右下角的 +好友 按钮，弹出“添加好友”对话框，如图 2-42 所示。输入相应的验证信息，单击“下一步”按钮，进入好友分组界面，如图 2-43 所示。

图 2-42 输入验证信息

图 2-43 好友分组界面

步骤 08：设置好备注姓名和分组后，单击“下一步”按钮，完成好友的添加。当好友通过验证后，该好友会显示在 QQ 主界面中，如图 2-44 所示。

步骤 09：接下来就可以与该好友进行聊天了。双击主界面中的好友，打开聊天主界面，如图 2-45 所示。

图 2-44 添加完好友

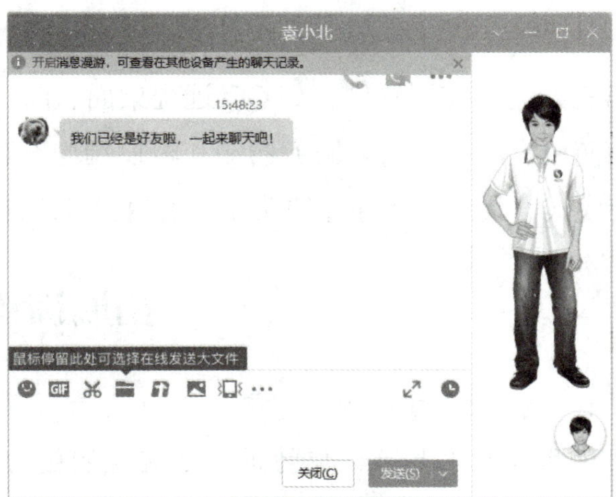

图 2-45 聊天主界面

步骤 10：在聊天窗口中输入要发送的文字信息，然后单击“发送”按钮，即可将消息发送给好友。当好友有回复时，主界面中会提示有新消息。此外，用户还可以用 QQ 发送图片、文件和文件夹等。

必备知识

一、远程网络操作

远程网络操作是指身处不同位置的两台计算机，其中一台作为另一台的远程终端，通过网络中的远程登录服务对终端计算机进行操作和控制，从而实现远程协助、异地办公等目的。例如，计算机 A 的地点坐标为北京，计算机 B 的地点坐标为上海，计算机 B需要计算机A帮助处理一些问题，则计算机A可以通过远程登录服务连接到计算机B，获得计算机 B 的允许后，计算机 A 就可以对计算机 B 中的操作进行控制，可以拥有与计算机 B 一样的权限。

目前，可以实现远程操作的工具有很多，如一些即时通信工具都可以实现远程操作。

1. Windows 远程桌面

Windows 7 以上版本和 Windows Server 2008 以上版本的系统通过设置可以允许远程桌面连接客户端连接到 Windows 主机进行远程操作。Windows 远程桌面通常只能通过点对点模式进行连接，并且操作时服务器端和客户端不能同步看到屏幕内容，因此主要用于个人远程使用，不适合需要互动场合的远程协助。

2. Windows 远程协助

远程协助是 Windows 附带提供的一种简单的远程控制方法。区别于远程桌面的被动等待连接，远程协助可以让用户自主掌控连接与否，同时一旦连接后，允许双方同时对服务器端计算机进行相关操作。Windows 远程协助适用于 Windows 系统之间，每次连接均需要授权和密码，适合未安装第三方软件进行远程协助的场合。

3. 远程控制软件

第三方远程控制软件，如 QQ 远程桌面、向日葵远程控制软件、TeamViewer 等在日常工作中使用广泛，但需要服务器端和客户端均安装相应的软件。第三方远程控制软件均采用中转模式，具有内网穿透的功能，给用户带来便利的同时也存在一定的安全隐患。

拓展训练

在日常使用计算机时，如果遇到自己无法解决的问题，可以请他人远程协助查看和解决。远程控制工具可以使协助者远程控制被协助者的计算机，就像操作本地计算机一样方便，节约了时间和现场维护成本，从而快速解决问题，提高协作效率。

下面使用 QQ 远程桌面进行远程控制。

（1）启动并登录主控端的 QQ，在打开的 QQ 主界面中双击受控端的好友图标，打开聊天窗口，如图 2-46 所示。

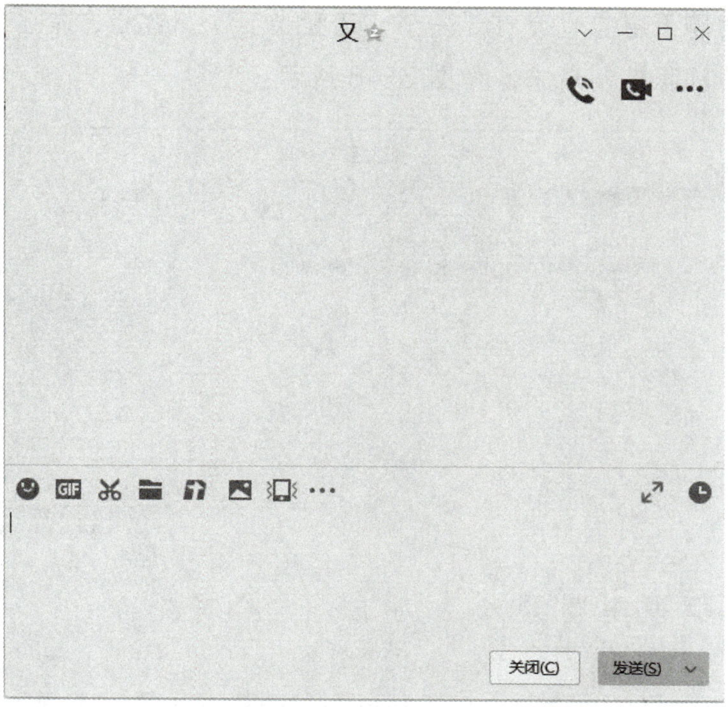

图 2-46 QQ 聊天窗口

（2）单击聊天窗口右上方的“更多”图标，在展开的列表中单击“QQ 远程桌面”按钮，在弹出的下拉列表中选择“请求控制对方电脑”选项，如图 2-47 所示，向受控端发送远程控制请求。此时，在聊天窗口右侧会打开一个“远程桌面”侧边栏。

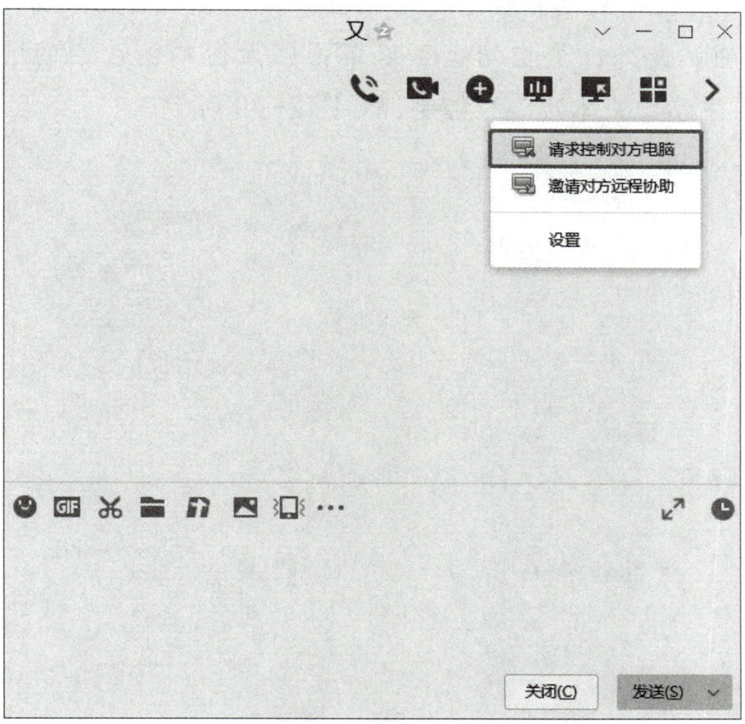

图 2-47 请求控制对方电脑

（3）受控端的聊天窗口也会打开一个“远程桌面”侧边栏，单击“接受”按钮即可同意主控端发送的远程控制请求，如图 2-48 所示。

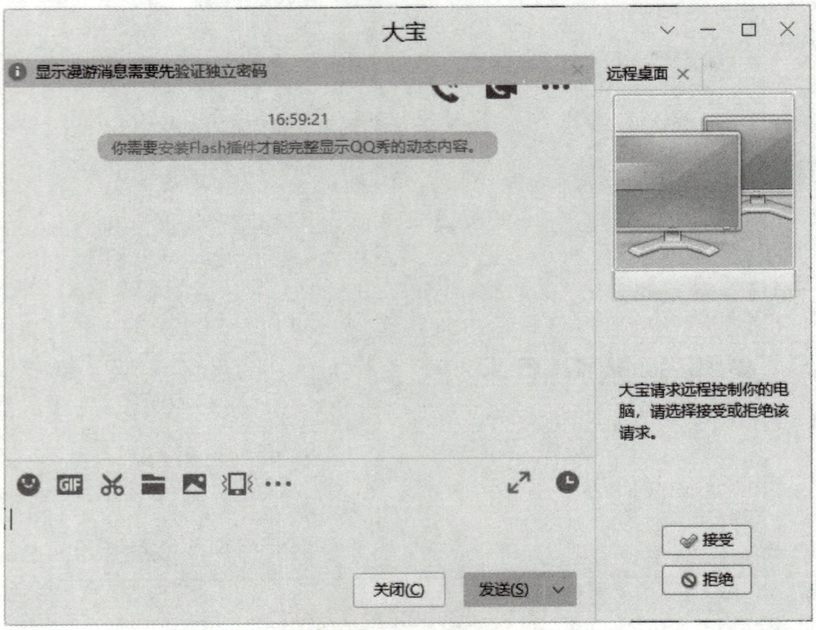

图 2-48　接受远程控制请求

（4）在受控端接受远程控制请求后，主控端将打开“远程桌面”窗口，通过此窗口，主控端可以对受控端进行远程操作，其操作方法与在本地使用计算机无异。

（5）要结束对受控端的远程控制，可在主控端单击“远程桌面”窗口顶部工具栏中的“结束”按钮。此外，受控端也可以单击聊天窗口侧边栏的“断开”按钮或按“Shift+Esc”键，主动结束本次远程控制，如图 2-49 所示。

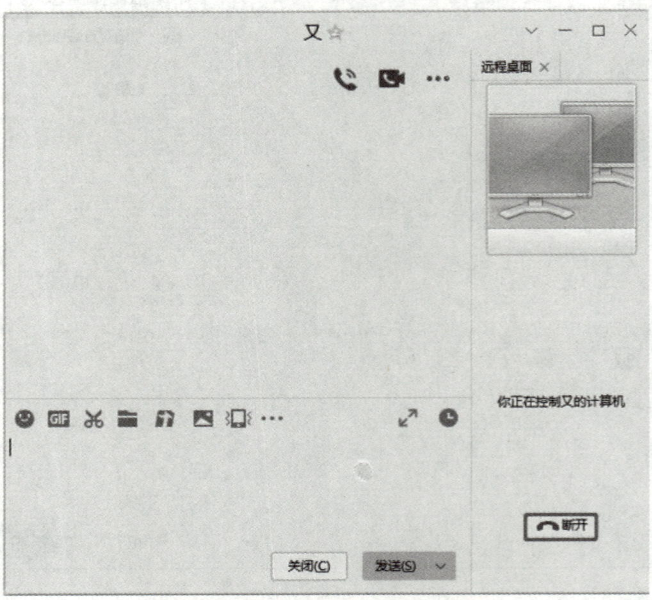

图 2-49　结束远程控制

二、编辑、加工和发布网络信息

网络信息一旦发布便要公开面向无数浏览者，这些信息所产生的影响无法估计，所以在发布网络信息之前需要进行必要的编辑和加工，以避免因信息不当而产生不良后果。

编辑和加工信息因信息类型的不同而有不同的方法。例如，对于文本型信息，需要有一定文法知识的人来把关，去除文本信息中的不正确导向，修正明显的语句、词和标点符号错误；对于图片型信息，可以使用一些图片处理工具（如 Photoshop 等）进行必要的处理；对于视频型信息，可以使用一些视频处理工具（如 Premiere 等）进行编辑和加工，如果是手机拍摄的视频，还可以使用剪映等手机视频编辑软件进行编辑处理。

在对信息进行编辑和加工时，可以使用一些模板，以便达到更好的展示效果。

在编辑、加工完信息之后，可以将其发布到网络上。发布位置根据需要进行选择，可以是论坛、贴吧、微博、微信朋友圈、抖音、快手等。

1. 微博

微博是一种基于用户关系信息分享、传播以及获取的通过关注机制分享简短实时信息的广播式社交媒体和网络平台。它允许用户通过 Web、Wap、Mail、App、IM、SMS 等方式或者通过计算机、手机等多种移动终端接入，以文字、图片、视频等多媒体形式，实现信息的即时分享、传播互动。

观众可以在微博上浏览感兴趣的信息；发布者可以在微博上发布内容供别人浏览。微博的传播性很强，广泛分布在桌面、浏览器和移动终端等多个平台上。微博的发现界面如图 2-50 所示。

图 2-50　微博的发现界面

拓展训练

在微博的发现界面搜索“东京残奥会”，可以看到关于“东京残奥会”的相关信息，如图 2–51 所示。

图 2–51　搜索“东京残奥会”的效果图

2. 抖音

抖音短视频是由今日头条孵化的一款音乐创意短视频社交软件，该软件于 2016 年 9 月 20 日上线，是一个面向全年龄的音乐短视频社区平台。用户可以通过这款软件选择歌曲，拍摄音乐短视频，生成自己的作品。它会根据用户的爱好来更新用户喜爱的视频。

抖音 App 包含首页、朋友、消息、我四大模块，可以在首页界面查看所有用户的短视频，在朋友界面查看互相关注的朋友的短视频，在消息界面查看朋友之间的聊天，在我的界面查看自己的资料以及喜欢的视频等。抖音首页的效果如图 2-52 所示。

图 2–52　抖音首页效果图

拓展训练

在抖音首页的搜索框中输入“奥运精彩瞬间”，可以看到关于奥运会的相关视频，如图 2-53 所示。

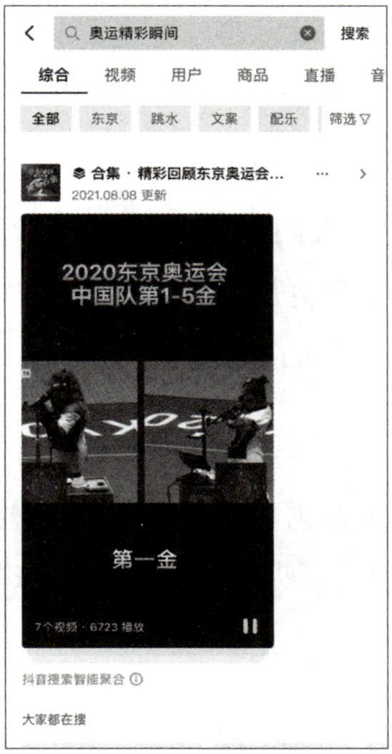

图 2-53　搜索“奥运精彩瞬间”的效果图

三、坚持正确的网络文化导向

互联网的迅速发展给人们的工作、生产和生活带来了深刻影响，无论在衣、食、住、行还是娱乐学习中，网络都给我们带来了极大的便利。但值得注意的是，互联网虽然在资源共享、休闲娱乐、辅助教学方面具有明显优势，但由于网络内容的庞杂性和隐蔽性，一些不健康的内容也充斥其中，从而可能对上网者产生消极影响甚至导致其犯罪。

坚持正确的、主流的网络文化导向，摒弃错误的、不良的网络信息，对于弘扬民族文化、发展和提高自身素质都有十分重要的作用。作为新时代的有为青年，应秉持正确的思想，辨别信息好坏，勇于举报虚假违法信息，为净化网络空间做出贡献。

实践体验

（1）尝试利用QQ远程操控好友的计算机，体验QQ远程操作的作用。

（2）比较一下电脑端QQ和手机端QQ的界面有何异同。

任务五　运用网络工具

任务描述

网络的出现和普及大大方便了人们的生活、工作和学习，尤其是智能手机的普及和各种 App 的出现，使得人们的生活更加便利，工作和学习效率也大大提升。本任务来体验使用铁路 12306App 订购火车票的方法。

任务提示

使用铁路 12306App 订购火车票需要先在该 App 上注册账号，进行身份认证，然后才能购票。此处只介绍在 App 中购买火车票的方法，账号注册和身份认证请自行完成。

任务完成

步骤 01：点击手机屏幕上的“铁路 12306”图标，打开主界面，如图 2-54 所示。

步骤 02：设置出发城市和目的城市，然后点击下面的日期，进入出发日期选择界面，如图 2-55 所示。

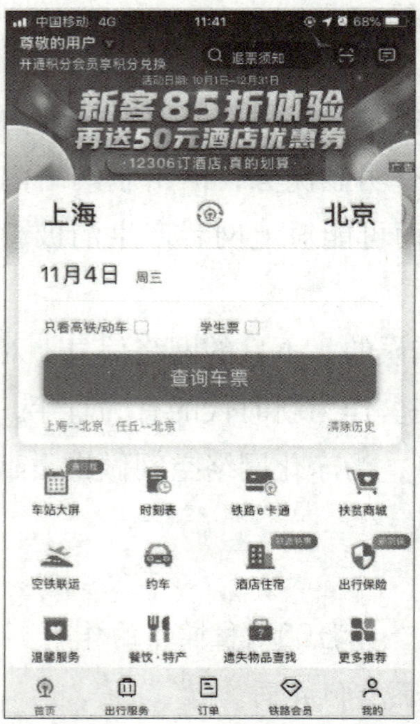

图 2-54　App 主界面

图 2-55　出发日期选择界面

步骤 03：选中“只看高铁 / 动车”，则搜索出来的结果将只显示高铁和动车；选中“学生票”，则在付款时将以学生票价格购买车票，但是需要注意的是，必须是学生才能以学生票价格购买。设置完成后点击“查询车票”按钮，显示车次列表界面，如图 2-56 所示。

步骤 04：在界面上方点击“前一天”或“后一天”可以查看当前日期之前或之后的车票信息。点击需要购买的车次，进入“确认订单”界面，如图 2-57 所示。

图 2-56 车次列表

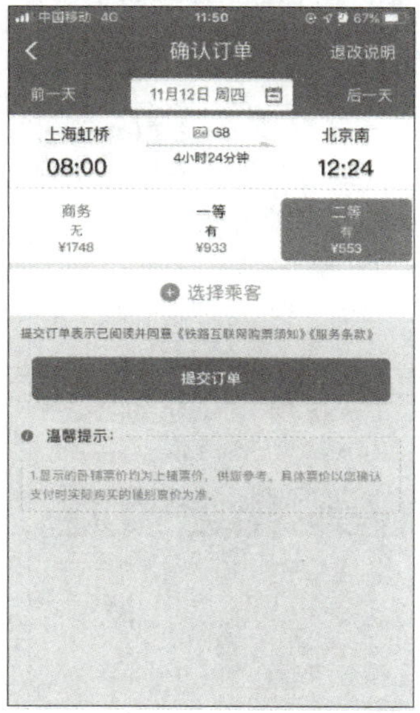

图 2-57 “确认订单”界面

步骤 05：点击“选择乘客”按钮，进入“选择乘客”界面，如图 2-58 所示。如果当前乘车人列表中没有乘客信息，则需要点击“添加乘车人”按钮，进入“添加乘车人”界面，如图 2-59 所示，根据提示信息完成乘车人的添加操作。

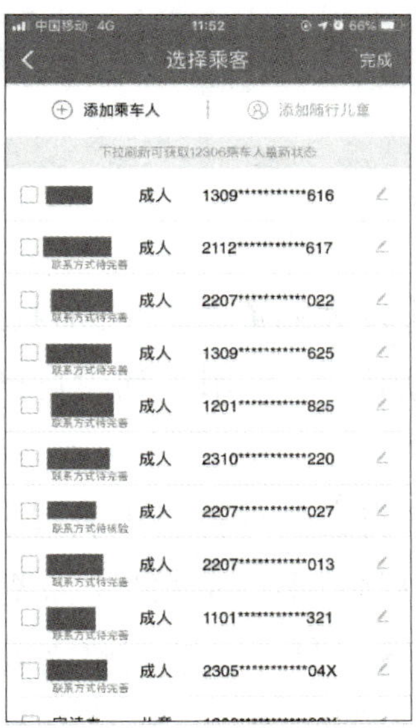

图 2-58 “选择乘客”界面

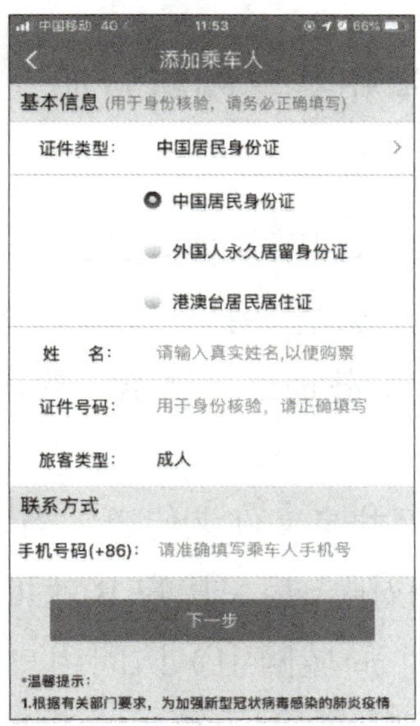

图 2-59 “添加乘车人”界面

步骤 06：选择好乘客后，返回“确认订单”界面，即可发现界面中添加了乘客，并出现了“选座服务”选项，通过点击对应的座位号可以选择座位，如图 2-60 所示。

步骤 07：设置完成后点击“提交订单”按钮，进入“未完成”界面，如图 2-61 所示。点击“立即支付”按钮，然后根据提示完成票款支付操作。

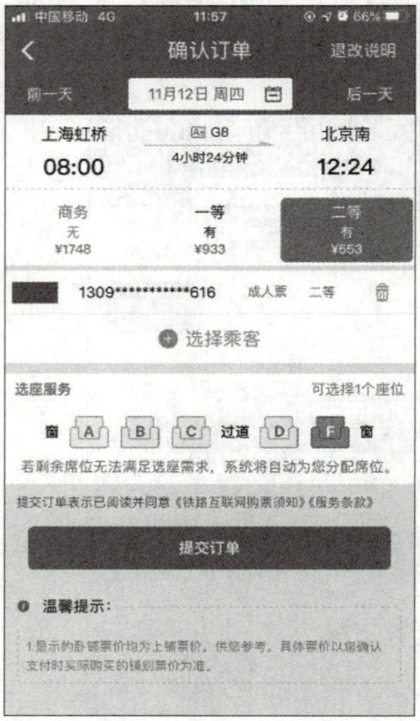

图 2-60　选座服务

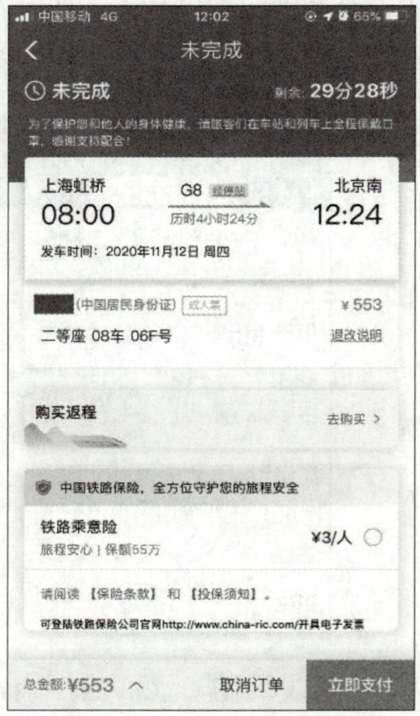

图 2-61　支付票款

提示：支付票款时，可以有多种选择，如选择银行卡支付、支付宝支付、微信支付等，用户可根据实际情况进行选择。

必备知识

一、传送、同步和共享网络资源

1. 传送网络资源

传送网络资源有以下几种方式：

（1）通过网盘传送。用户可以将一些容量比较大的资源上传到自己的网盘（如百度网盘），然后将其下载地址分享给需要该资源的用户，该用户利用自己的网盘客户端即可下载该资源。

（2）通过访问共享文件夹传送。当用户 A 在自己的计算机中设置了共享文件夹（访问用户具有更改权限）后，用户 B 就可以通过局域网访问功能（需要用户 A 和用户 B 的计算机在同一个局域网中）访问用户 A 的共享文件夹，然后将需要传送的资源上传到共享文件夹，则用户 A 也可以查看和使用该资源。同理，用户 B 也可以在自己的计算机中设置一个共享文件夹，然后将需要传送的资源放到该共享文件夹中，用户 A 通过局域网访问功能访问用户 B 的共享文件夹，然后将资源复制到自己的计算机中，也可以实现资源的传送。

（3）通过即时通信工具传送资源。现在大多数即时通信工具，如 QQ、微信等，均具有在线 / 离线传送文件的功能，方便实用。

（4）通过专门的资源传送工具传送。目前有一些专门用于传送文件资源的工具，可以方便地实现文件资源的传送。

2. 同步网络资源

目前，很多软件提供了多终端信息资源同步的功能，如 Windows 10 操作系统中的 OneNote 就提供了计算机、手机等终端同步的功能，WPS 也提供同步编辑的功能。使用这些同步功能，可以实现随时随地使用资源、编辑信息。

3. 共享网络资源

（1）共享公用文件夹。公用文件夹主要用于不同用户间的文件共享，以及网络资源的共享。开启文件夹的共享，用户可以在同一个局域网内查看公用文件夹内的文件。

①右击计算机桌面右下角的网络图标，在弹出的快捷菜单中选择“打开网络和共享中心”命令，弹出“网络和共享中心”窗口，单击“更改高级共享设置”链接，如图 2-62 所示。

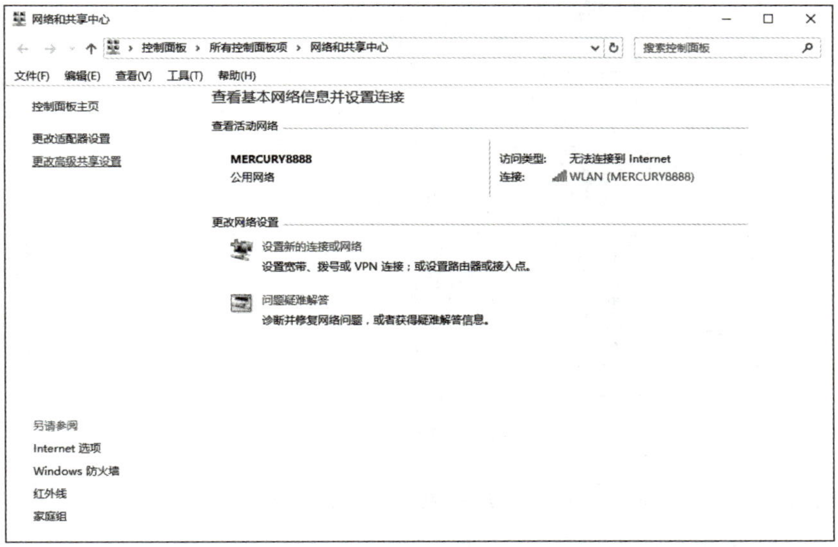

图 2-62　单击“更改高级共享设置”链接

②弹出“高级共享设置”窗口，选中“启用网络发现”和“启用文件和打印机共享”单选按钮，单击“保存更改”按钮，如图 2-63 所示。

③双击桌面上的“网络”图标，弹出“网络”窗口，即可看到局域网内共享的计算

机，如图 2-64 所示。

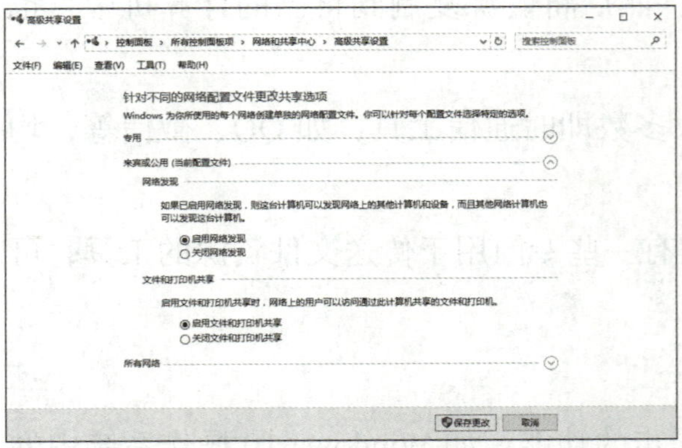

图 2-63 “高级共享设置”窗口

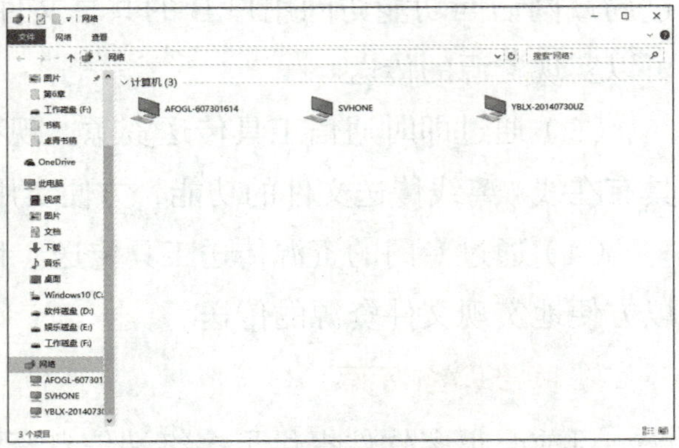

图 2-64 查看局域网内共享的计算机

（2）共享任意文件夹。公用文件夹只能共享文件夹内的文件，如果需要共享其他文件，用户需要将文件复制到公用文件夹下供其他人访问，操作既烦琐又费时。此时，用户可以将某个文件夹设置为共享文件夹。

①双击桌面上的“此电脑”图标，弹出“此电脑”窗口，双击“娱乐磁盘（E）”选项，弹出磁盘窗口，右击需要共享的文件夹，在弹出的快捷菜单中选择“属性”命令，如图 2-65 所示。

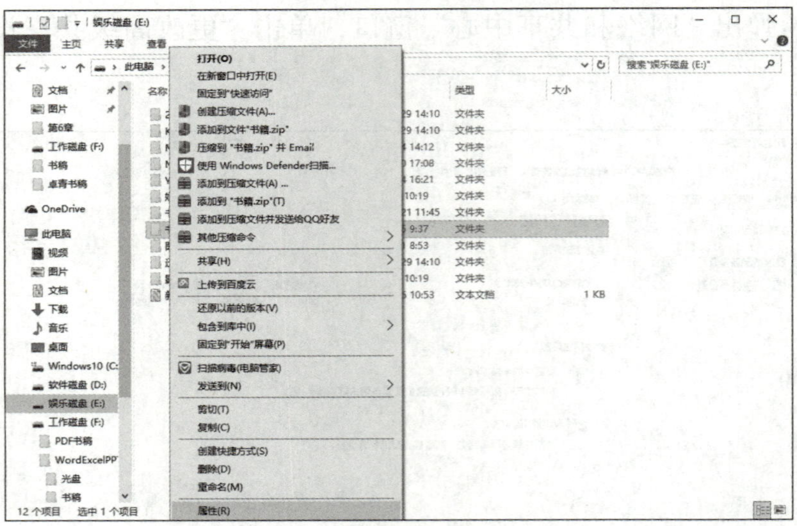

图 2-65 选择“属性”命令

②弹出“书籍 属性”对话框，切换至“共享”选项卡，单击“共享”按钮，弹出“文件共享”对话框，在“添加”左侧的下拉列表框中选择“Everyone”选项，单击“添加”按钮，如图 2-66 所示。

③单击“共享”按钮，弹出“网络发现和文件共享”对话框，选择“是，启用所有公用网络的网络发现和文件共享”选项，如图 2-67 所示。

④弹出“文件共享”对话框，显示共享项目的进度，如图 2-68 所示。

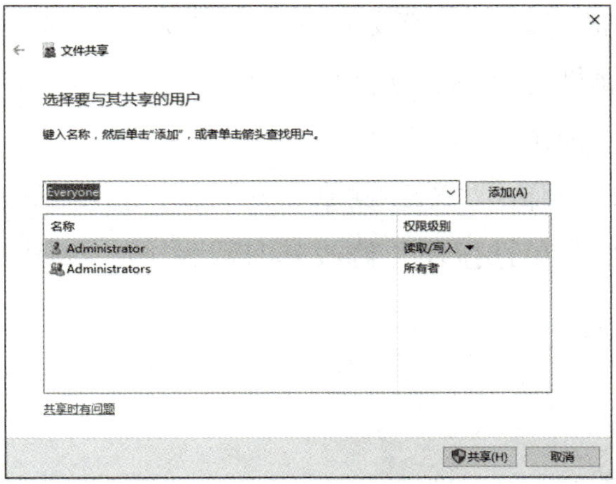

图 2-66　添加 Everyone 选项

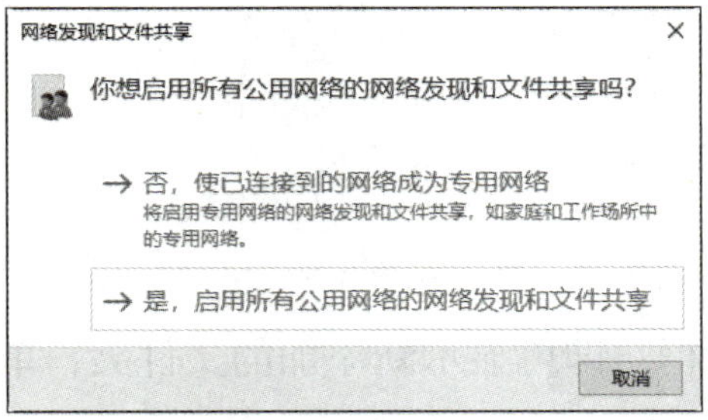

图 2-67　“网络发现和文件共享”对话框

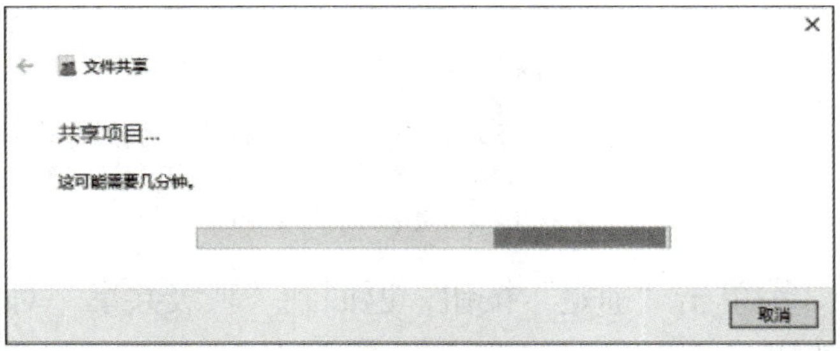

图 2-68　显示共享项目进度

⑤稍后进入“你的文件夹已共享”界面，提示文件夹已共享信息，单击“完成”按钮，如图 2-69 所示。

⑥双击桌面上的“网络”图标，弹出“网络”窗口，选择共享的计算机选项，即可打开共享的计算机窗口，在打开的窗口中可以查看到已经共享的文件夹。

（3）设置共享文件夹的属性。在对任意文件夹进行共享操作后，可以对共享文件的权限等属性进行设置，下面介绍其具体的操作方法。

①双击桌面上的“网络”图标，弹出“网络”窗口，右击共享的计算机选项，在弹出的快捷菜单中选择“打开”命令，如图 2-70 所示。

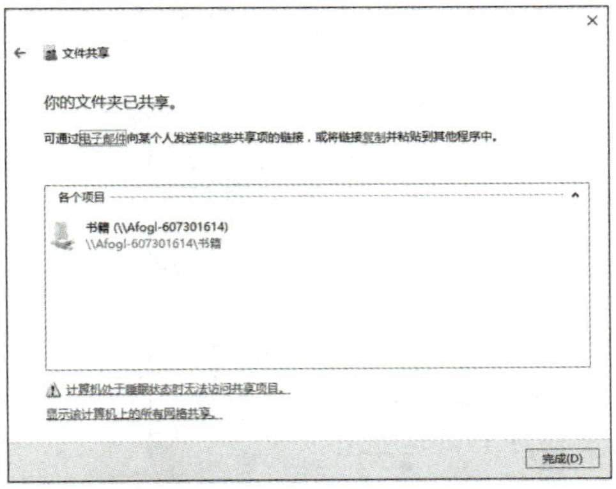

图 2-69　文件夹已共享

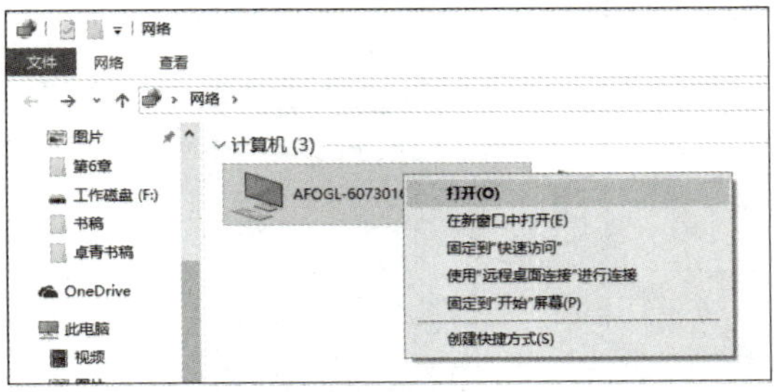

图 2-70　选择“打开”命令

②弹出共享的计算机窗口，右击要共享的文件夹，在弹出的快捷菜单中选择“属性”命令，弹出对应的属性对话框，切换到“共享”选项卡，在“高级共享”选项区中单击“高级共享”按钮，如图 2-71 所示。

③单击“添加”按钮，弹出“新建共享”对话框，依次修改“共享名”和“描述”，选中“允许此数量的用户”单选按钮，修改其参数为 10，如图 2-72 所示。

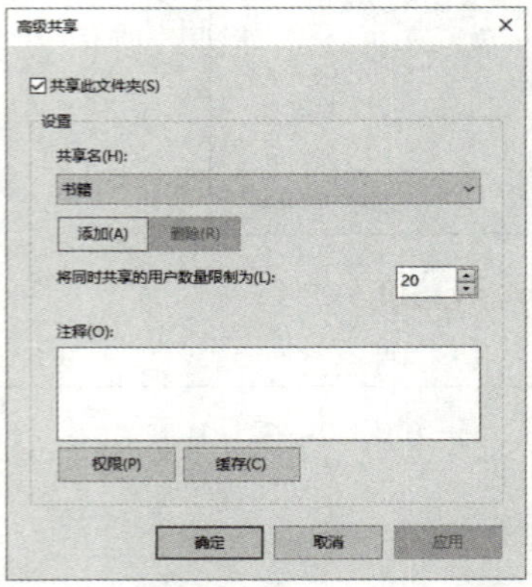

图 2-71 “高级共享”对话框

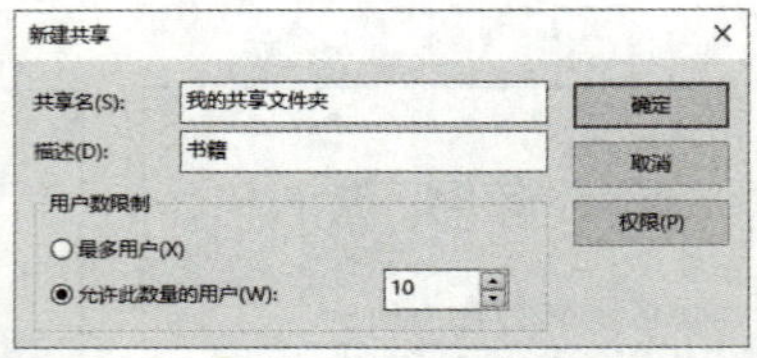

图 2-72 设置新建共享

④单击“确定”按钮，返回到“高级共享”对话框，即可显示新添加的文件夹，单击“权限”按钮。

⑤弹出“我的共享文件夹的权限”对话框，在“Everyone 的权限”列表框中选中“完全控制”右侧的“允许”复选框，如图 2-73 所示。单击“确定”按钮，保存设置，打开计算机的共享文件夹，即可看到所更改的设置。

（4）关闭文件夹资源的共享。在共享完文件夹资源后，如果其他用户不需要该文件夹，则可以将该文件夹取消共享，其具体的操作方法如下：

在“网络”窗口中右击已共享的文件夹，在弹出的快捷菜单中选择“属性”命令。弹出“我的共享文件夹属性”对话框，单击“共享”选项卡，在“高级共享”选项区中单击“高级共享”按钮，弹出“高级共享”对话框，取消选中“共享此文件夹”复选框，如图 2-74 所示，单击“确定”按钮，完成共享文件夹的关闭操作。

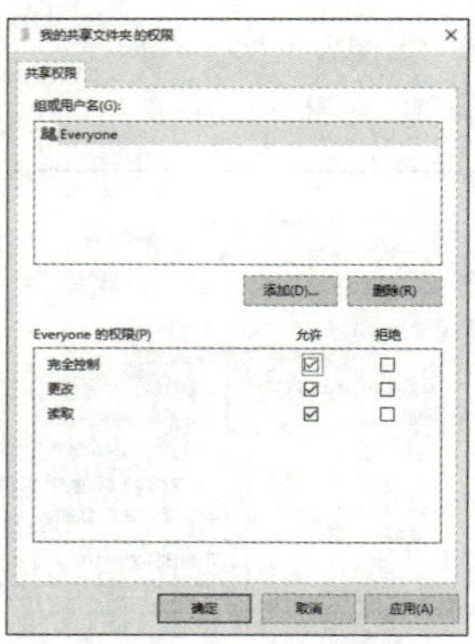

图 2-73 设置高级共享权限

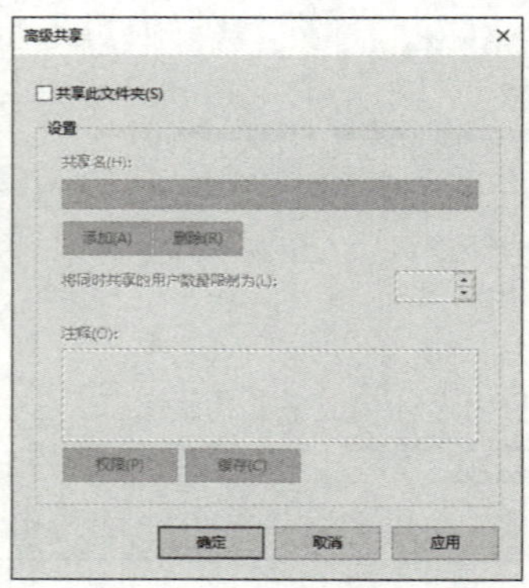

图 2-74 关闭共享文件夹

二、网络学习的类型与途径

1. 网络学习的类型

根据网络课程的表现形式，网络学习可以分为授课型、自主学习型和协作探究型三种。

（1）授课型。授课型学习方式以教师讲授为主，视频的声音和图像清晰，文本简明，重点和难点突出，可以起到良好的导学作用，其形式与电视教学类似，不同的是网络课程是通过网页浏览器播放。

（2）自主学习型。自主学习是远程教育中的一种主要学习方式。自主学习型网络课程是以学生为中心进行设计的，一般以网页页面组织、整合一门课程的内容，栏目包括课程简介、课程内容、案例分析等，提供丰富的学习资源，并有相关网站的链接。学习者可以通过练习和自测题进行自我检测，根据反馈信息了解自己对课程的掌握程度。在遇到问题时，学习者可以通过电子邮件等方式向教师求助。

（3）协作探究型。协作探究是基于人类对学习活动的不断认识，逐步形成的一种现代学习观，强调学习者的主动探究和亲身体验，以及基于真实任务的研究和问题的解决。

2. 网络学习的途径

目前，网络学习的途径主要有以下几种：

（1）利用钉钉、腾讯会议等进行在线教学。目前，钉钉、腾讯会议等一些软件均提供多人同时在线会议功能，利用该功能，教师可以进行在线教学，使分布在各个地方的学生同时进行学习。

（2）在网页端实现在线学习。目前有一些培训机构或教师个人可以开设在线课堂，通过固定时间在固定页面进行教学，这也是一种学习的方式。

（3）通过抖音、快手等短视频进行学习。目前，短视频的发展如火如荼，有一些短视频属于知识学习类视频，如讲解 Python 程序设计的短视频，学习者可以通过观看这些短视频进行学习。

（4）利用直播进行学习。直播方式形成的效果与利用钉钉、腾讯会议等进行在线教学的效果大同小异，它们之间最大的区别是，直播方式的主播不一定是教师，可以是任何掌握相关领域知识的人。学习者可以通过观看手机直播的形式学到知识，还可以在直播的过程中与主播和其他学习者互动。

（5）下载相关教学视频进行离线学习。网络上的资源丰富，其中有一些教学视频可供下载，如有关 Office 的教学视频，学习者可以下载下来，有时间的时候进行学习，而不必在线学习。

知识链接

中国专业 IT 社区 CSDN（Chinese Software Developer Network）创立于 1999 年，致力于为中国软件开发者提供知识传播、在线学习、职业发展等全生命周期服务。

在 CSDN 中可以看到很多关于 IT 类的知识，能够帮助我们学习计算机知识。在百度中直接搜索 CSDN 即可进入其官网。

三、常见的生活类网络工具

互联网的发展极大地方便了我们的日常生活，智能手机的出现更是扩大了这种方便的范围。日常生活中，有很多比较实用的网络工具，如网络支付类、网络购物类、网络求职类、网络娱乐类、网络新闻类等。

1. 网络支付类

随着 4G 的普及和 5G 的来临，网络支付早已经深入人们的生活，从城市到农村，从大商场到小地摊，遍布网络支付的痕迹。目前主流的网络支付软件包括微信支付和支付宝两种，如图 2-75 和图 2-76 所示。

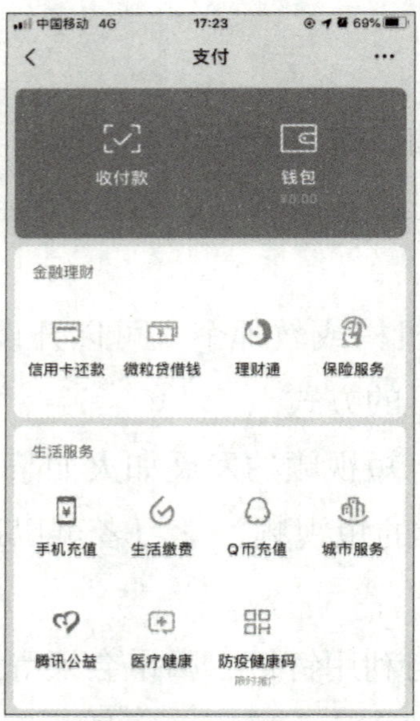

图 2-75　微信支付界面

图 2-76　支付宝界面

2. 网络购物类

网络购物已经成为人们日常生活必须掌握的技能。网络购物的最大优势在于品种繁多、可选择性大，足不出户即可购买到自己想要的产品。常见的网络购物类工具有淘宝（图 2-77）、京东（图 2-78）、当当、苏宁易购等。

图 2-77　淘宝界面

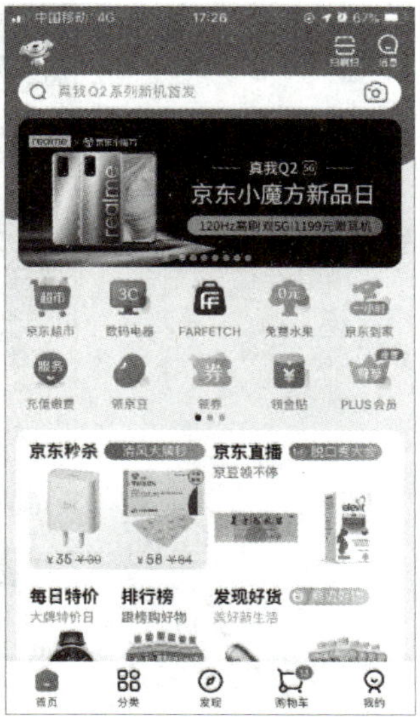

图 2-78　京东界面

3. 网络求职类

网络求职已经是当前求职者找工作的一种主要途径，求职者通过网络求职工具了解招聘企业发布的招聘信息，然后将简历投递到企业的电子邮箱或者直接与企业招聘者进行远程面试，最终实现就业。常见的网络求职类工具包括智联招聘、BOSS 直聘、前程无忧、猎聘等。

4. 网络娱乐类

娱乐是生活不可或缺的调剂品，其包括的范围很广，如听音乐、玩游戏、看电影、看小说等。常见的音乐工具有 QQ 音乐、咪咕音乐、酷狗音乐等；常见的视频工具有爱奇艺、腾讯视频等；常见的小说阅读器有 QQ 阅读、七猫小说等。

5. 网络新闻类

阅读新闻是很多人日常生活中必做的一件事。网络的普及使得以前传统的报纸阅读变成了手机阅读，无论从便捷性、时效性还是成本来说，都有了很大的改变。常见的网络新闻类工具有今日头条、趣头条、网易新闻等。

拓展训练

随着社会生活的信息化及互联网的普及，网络购物正发展成为人们首选的消费方式。网络购物平台上的商品往往物美价廉、经济实惠。请使用网络购物软件京东购买商品，体验网络工具为人们生活带来的便利。

（1）首先需要在手机上下载京东 App，下载完成后打开京东 App，其首页效果如图 2-79 所示。

图 2-79　京东 App 首页效果图

（2）在京东 App 中注册并登录账户，然后填写地址信息。

（3）在京东 App 中找到自己喜欢的商品并下单购买。购买完成的商品可以在“我的”→“我的订单”中查看，如图 2-80 所示。

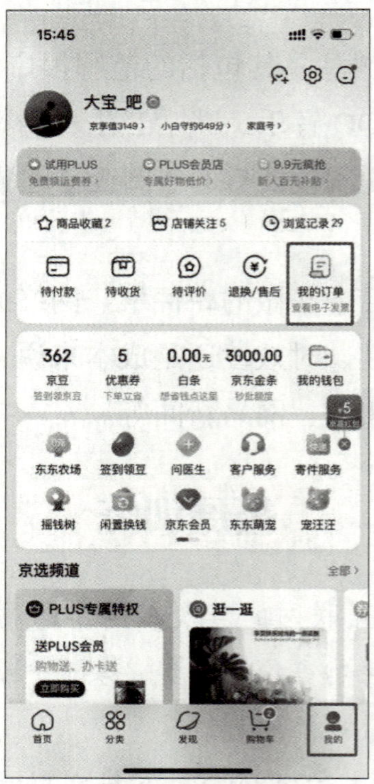

图 2-80　“我的”界面

四、网络协作工具

互联网的最大优势之一就是共享，除了共享资源，还可以实现不同地域的人共同编辑同一文档，这就需要用到网络协作工具。网络协作工具可以通过互联网将具有相同工作任务和目标但分布在不同地理位置的人员以工作为纽带联结为一个工作组，使其共同参与到工作当中。

网络协作工具有很多种，包括电子会议工具、项目管理工具、在线文档协同工具等，日常生活和工作中最常用的是在线文档协同工具，常见的如腾讯文档、石墨文档等，均可实现多人同时在线编辑，并可自主设置协作者的权限，保证文档的安全性。

实践体验

（1）利用腾讯文档完成多人协作编辑操作。

（2）登录淘宝，完成一次购物体验。

（3）在手机上下载并安装高德地图，体验高德地图提供的打车服务。

任务六　了解物联网

任务描述

仔细观察，你身边应用了物联网的例子都有哪些？这些应用使人们的生活发生了怎样的改变？填写表 2-4。

表2-4　项目二任务六用表

应用物联网的例子	对人们生活的改变

任务提示

物联网的应用范围很广，如共享单车、共享汽车、路上随处可见的监控摄像头等。

任务完成

通过查阅相关资料，了解物联网的应用领域，然后观察周围应用了哪些物联网技术，思考这些应用对人们的生活产生了怎样的影响。

必备知识

一、物联网技术的发展

物联网是新一代信息技术的重要组成部分，其英文全称是 the Internet of things。顾名思义，物联网就是物物相连的互联网。这里有两层意思：第一，物联网的核心和基础仍然是互联网，是在互联网基础上延伸和扩展的网络；第二，其用户端延伸和扩展到任何物品与物品之间。因此，物联网的定义是：物联网是指通过射频识别设备、红外感应器、全球定位系统、激光扫描器等信息传感设备或系统，按约定的协议把任何物品与互联网相连接，进行信息交换和通信，以实现对物品的智能化识别、定位、跟踪、监控和管理的一种网络。

在我国，近年来随着互联网产业发展日趋成熟，产业链及基础生态环境日益完善，市场容量已趋饱和，物联网作为下一个风口，成为众多设备制造商、网络供应商、系统集成商看好的突破方向。

二、常见的物联网设备及软件

1. 条码

条码是条形码的简称，是将宽度不等的多个黑条和空白按照一定的编码规则排列，用以表达一组信息的图形标识符。条码分为一维条码和二维条码两种。

（1）一维条码。一维条码是由反射率相差很大的黑条（简称条）和白条（简称空）排成的平行线图案。一个完整的条码符号是由两侧净空区、起始符、数据符、校验符（可选）和终止符及供人识读的字符组成的，如图 2-81 所示。

图 2-81　一维条码

（2）二维条码。二维条码是用按一定规律在平面（二维方向）上分布的黑白相间的特定的几何图形记录数据符号信息的，在代码编制上巧妙地利用构成计算机内部逻辑基础的 0、1 比特流的概念，使用若干个与二进制相对应的几何形体来表示文字数值信息，通过图像输入设备或光电扫描设备自动识读以实现信息自动处理。二维条码可以分为堆叠式二维条码（图 2-82）和矩阵式二维条码（图 2-83）两种。

图 2-82　堆叠式二维条码

图 2-83　矩阵式二维条码

2. 射频识别

射频识别（radio frequency identification，RFID）技术又称无线射频识别技术，是 20 世纪 90 年代兴起的一种自动识别技术。它可以通过无线电信号识别特定目标并读写相关数据，而识别系统与特定目标之间无须进行机械或光学接触，是一种非接触式的自动识别技术；识别工作无须人工干预，适用于各种恶劣环境。RFID 技术可识别高速运动的物体，也可同时识别多个标签，操作快捷方便。

图 2-84 展示了 RFID 技术的基本工作原理。

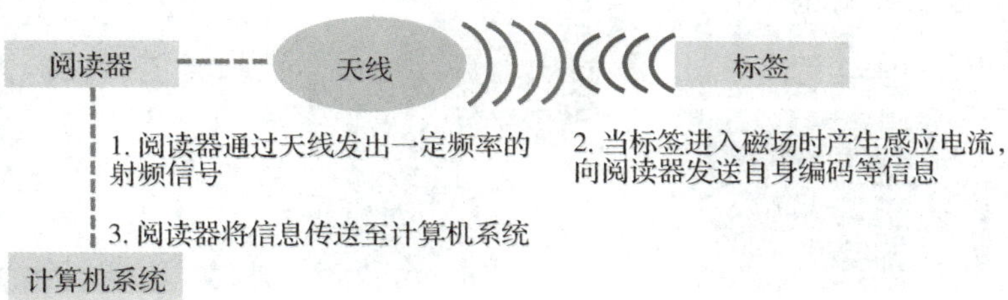

图 2-84　RFID 技术的基本工作原理

3. 传感器

传感器是物联网中不可缺少的信息采集设备，它能感受被检测的信息，并将感受到的信息按一定规律变换成为电信号或其他形式的信号输出，以满足信息的传输、处理、存储、显示、记录和控制等要求。

4. 全球定位系统

全球定位系统（global positioning system，GPS）是指利用定位卫星在全球范围内实时进行定位、导航的系统，是一种具有全方位、全天候、全时段和高精度的卫星导航系统，能为全球用户提供低成本、高精度的三维位置，速度和精确定时等导航信息。

5. 激光扫描器

激光扫描器是以激光作为发光源的扫描器。这是一种远距离条码阅读设备，其性能优越，因而应用广泛。激光扫描器可分为限行激光扫描器和全角度激光扫描器。

实践体验

智能家居（图2-85）是指以住宅为平台，集成与家居生活有关的设施构建的现代化的居住环境。智能家居可通过互联网实现各个设施的互联互通，形成一个小型的物联网系统。这些设施会收集并实时共享环境信息，并根据这些信息智能地调节自身状态。例如，回到家时，灯光会自动开启，并根据环境调节亮度；环境系统检测到室内湿度太大，会自动启动空调，并采取除湿措施；智能监控使得用户通过手机就能随时随地查看独自在家的小朋友和宠物。

图 2-85　智能家居

如今，越来越多的消费者在选购家居设施时不仅注重其品质、功能等特性，还将其智能与否列为一项考察指标。从小巧的运动手环、智能音箱，到智能冰箱、智能门锁，物联网技术正逐渐渗透人们的家居生活，并使生活越来越方便、越来越智能。请观察生活中的智能家居产品，或通过互联网查询相关产品的资料，了解智能家居中的常见产品，谈谈自己对智能家居现状的分析和未来的展望。

项目思政

本项目讲解了网络、配置网络、获取网络资源、网络交流与信息发布、运用网络工具以及物联网的相关知识，可以培养读者利用网络获取信息、加工信息、发布信息、存储信息以及信息协作的能力，提高读者数字化创新与学习的能力，增强读者的信息社会责任感。

随着信息技术的不断发展，物联网时代已经到来。物联网在传统互联网的基础上更进一步实现了“万物互联”。在不远的将来，物联网技术会使 IT 世界与现实世界的界限变得越来越模糊，我们的生活必将越来越美好。

随着计算机网络的不断发展，我国出现了许多为我们的生活带来方便的互联网产品，如被大家所熟知的中文搜索引擎百度，它是我国较大的以信息和知识为核心的互联网综合服务公司，是全球领先的人工智能平台型公司。“百度”二字来自南宋词人辛弃疾的一句词：“众里寻他千百度”，这句词描述了词人对理想的执着追求。1999 年年底，身在美国硅谷的李彦宏看到了中国互联网及中文搜索引擎服务的巨大发展潜力，抱着技术改变世界的梦想，他毅然辞掉硅谷的高薪工作，利用搜索引擎专利技术，于 2000 年 1 月 1 日在中关村创建了百度公司，使我国成为全球仅有的四个拥有搜索引擎核心技术的国家之一。

项目测试

一、选择题

1. Internet 的意译为（　　）。

A. 国际互联网　　B. 中国电信网

C. 中国科教网　　D. 中国金桥网

2. TCP/IP 的传输层主要由 TCP 和（　　）两个协议组成。

A. UDP　　B. Ethernet

C. IEEE 802.3　　D. DNS

3. 常用于不同网络之间互连的设备是（　　）。

A. 中继器　　B. 网关

C. 路由器　　D. 防火墙

4. 下列合法的 IP 地址是（　　）。

A. 190.220.5　　B. 222.276.136

C. 202.53.312.78　　D. 123，43，82，220

5. 交换机属于（　　）层网络互联设备，它是一种多端口的网桥设备。

A. 物理　　B. 链路

C. 会话　　D. 网络

6. 两个同类网络互连的设备是（　　）。

A. 防火墙　　B. 服务器

C. 网桥　　D. 调制解调器

7. 在（　　）范围内的计算机网络称为局域网。

A. 一栋办公楼　　B. 一座城市

C. 一个国家　　D. 全球

8. 计算机网络是计算机技术与（　　）相结合的产物。

A. 信息技术　　B. 通信技术

C. 电话技术　　D. 软件技术

9. 以下（　　）服务不属于 Internet 服务。

A. 电子邮件　　B. 货物快递

C. 域名解析　　D. 文件传输

10. 网络购物的主要步骤不包括（　　）。

A. 查找商品　　B. 完善收货信息和支付手段

C. 协商交易事宜　　D. 与商家面对面交易

11. 个人计算机在家庭接入 Internet 时，必须使用的设备是（　　）。

A. 交换机　　B. 集线器

C. 路由器　　D. 网卡

二、填空题

1. 计算机网络最主要的功能是（　　）。

2. IP 地址采用分层结构，由（　　）和（　　）组成。

3. TCP/IP 体系结构共分为（　　）、传输层、（　　）和网络接口层。

4. OSI 参考模型将计算机网络分为七层，这七层从低到高依次是（　　）、（　　）、（　　）、（　　）、（　　）、（　　）和（　　）。

5.（　　）是互联网最基本的传输协议，提供了不可靠的无连接的服务。

6. 网络故障的诊断方法有（　　）、（　　）和（　　）三种。

7. 一维条码是由反射率相差很大的（　　）和（　　）排成的平行线图案。

8. 条形码分为（　　）和（　　）两种。

三、简答题

1. 简述如何配置计算机网络。
2. 列举几种网络学习的途径并说明如何使用。

项目三 图文编辑

项目导读

图文编辑在人们的日常生活和工作中必不可少，熟练掌握常用的图文编辑软件可以帮助我们更高效地完成图、文、表的编辑排版，使文档更加美观、易读。

知识框架

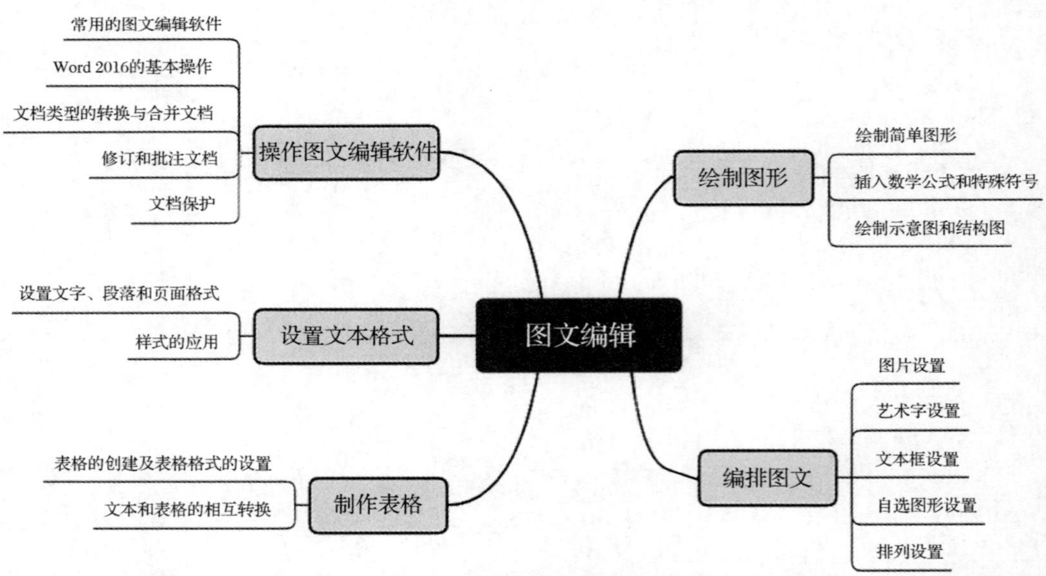

任务一 操作图文编辑软件

任务描述

本任务通过制作一份办公室管理制度文档来学习 Word 2016 简单的操作，为后面的学习奠定基础。最终效果如图 3-1 所示。

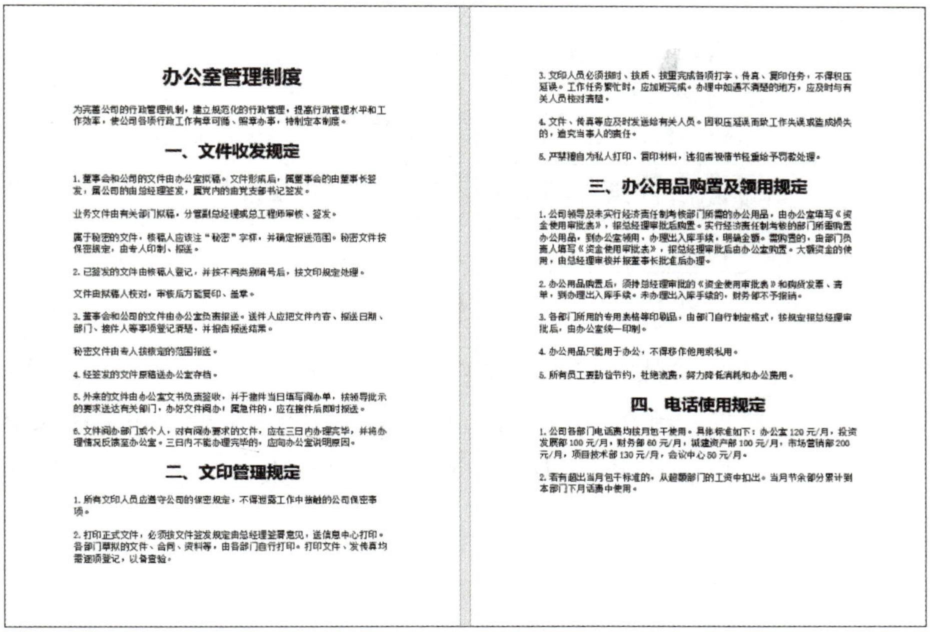

办公室管理制度

为完善公司的行政管理机制，建立规范化的行政管理，提高行政管理水平和工作效率，使公司各项行政工作有章可循、照章办事，特制定本制度。

一、文件收发规定

1. 董事会和公司的文件由办公室拟稿。文件形成后，属董事会的由董事长签发，属公司的由总经理签发，属党内的由党支部书记签发。

业务文件由有关部门拟稿，分管副总经理或总工程师审核、签发。

属于秘密的文件，核稿人应该注"秘密"字样，并确定报送范围。秘密文件按保密规定，由专人印制、报送。

2. 已签发的文件由核稿人登记，并按不同类别编号后，按文印规定处理。

文件由拟稿人校对，审核后方能复印、盖章。

3. 董事会和公司的文件由办公室负责报送。送件人应把文件内容、报送日期、部门、接件人等事项登记清楚，并报告报送结果。

秘密文件由专人按核定的范围报送。

4. 经签发的文件原稿送办公室存档。

5. 外来的文件由办公室文书负责签收，并于接件当日填写阅办单，按领导批示的要求送达有关部门，办好文件阅办！属急件的，应在接件后即时报送。

6. 文件阅办部门或个人，对有阅办要求的文件，应在三日内办理完毕，并将办理情况反馈至办公室。三日内不能办理完毕的，应向办公室说明原因。

二、文印管理规定

1. 所有文印人员应遵守公司的保密规定，不得泄露工作中接触的公司保密事项。

2. 打印正式文件，必须按文件签发规定由总经理签署意见，送信息中心打印。各部门草拟的文件、合同、资料等，由各部门自行打印。打印文件、发传真均需逐项登记，以备查验。

3. 文印人员必须按时、按质、按量完成各项打字、传真、复印任务，不得积压延误。工作任务繁忙时，应加班完成。办理中如遇不清楚的地方，应及时与有关人员核对清楚。

4. 文件、传真等应及时发送给有关人员。因积压延误而致工作失误或造成损失的，追究当事人的责任。

5. 严禁擅自为私人打印、复印材料，违犯者视情节轻重给予罚款处理。

三、办公用品购置及领用规定

1. 公司领导及未实行经济责任制考核部门所需的办公用品，由办公室填写《资金使用审批表》，报总经理审批后购置。实行经济责任制考核的部门所需购置办公用品，到办公室领用，办理出入库手续，明确金额。需购置的，由部门负责人填写《资金使用审批表》，报总经理审批后由办公室购置。大额资金的使用，由总经理审核并报董事长批准后办理。

2. 办公用品购置后，须持总经理审批的《资金使用审批表》和购货发票、清单，到办理出入库手续。未办理出入库手续的，财务部不予报销。

3. 各部门所用的专用表格等印刷品，由部门自行制定格式，按规定报总经理审批后，由办公室统一印制。

4. 办公用品只能用于办公，不得移作他用或私用。

5. 所有员工要勤俭节约，杜绝浪费，努力降低消耗和办公费用。

四、电话使用规定

1. 公司各部门电话费均按月包干使用。具体标准如下：办公室 120 元/月，投资发展部 100 元/月，财务部 60 元/月，城建资产部 100 元/月，市场营销部 200 元/月，项目技术部 130 元/月，会议中心 50 元/月。

2. 若有超出当月包干标准的，从超额部门的工资中扣出。当月节余部分累计到本部门下月话费中使用。

图 3-1 办公室管理制度文档效果

任务提示

本任务要制作的办公室管理制度文档是最基础的 Word 2016 应用。根据任务描述，我们将要做以下针对文档的操作：

（1）输入文本信息。

（2）设置字体。

（3）适当设置空行。

（4）对重要的标题进行突出设置，如加粗显示等。

视频
简单使用图文编辑软件

任务完成

步骤 01：新建一个空白的 Word 文档，然后将素材中的文字按照正常的输入形式输入文档中。默认情况下，系统以“宋体”的文字形式输出，如果用户需要将其更改为其他的字体，可以在“开始”选项卡的“字体”组中单击文字下拉按钮，在下拉列表中选择合适的字体，这里选择“宋体”，输入完成后如图 3-2 所示。

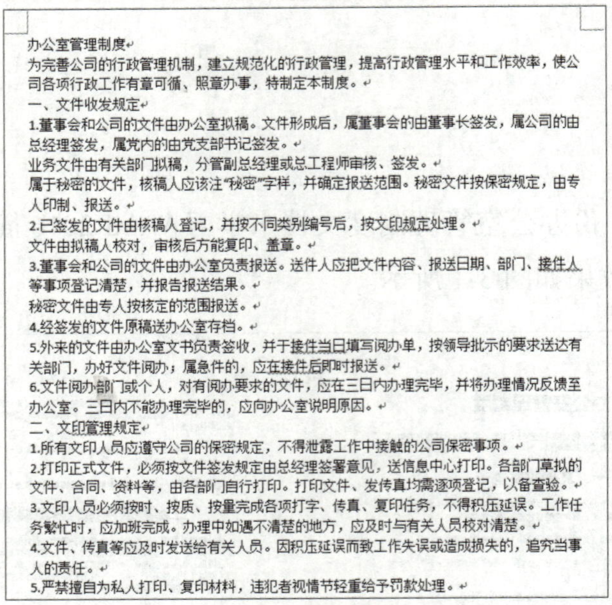

办公室管理制度

为完善公司的行政管理机制，建立规范化的行政管理，提高行政管理水平和工作效率，使公司各项行政工作有章可循、照章办事，特制定本制度。

一、文件收发规定

1.董事会和公司的文件由办公室拟稿。文件形成后，属董事会的由董事长签发，属公司的由总经理签发，属党内的由党支部书记签发。

业务文件由有关部门拟稿，分管副总经理或总工程师审核、签发。

属于秘密的文件，核稿人应该注“秘密”字样，并确定报送范围。秘密文件按保密规定，由专人印制、报送。

2.已签发的文件由核稿人登记，并按不同类别编号后，按文印规定处理。

文件由拟稿人校对，审核后方能复印、盖章。

3.董事会和公司的文件由办公室负责报送。送件人应把文件内容、报送日期、部门、接件人等事项登记清楚，并报告报送结果。

秘密文件由专人按核定的范围报送。

4.经签发的文件原稿送办公室存档。

5.外来的文件由办公室文书负责签收，并于接件当日填写阅办单，按领导批示的要求送达有关部门，办好文件阅办；属急件的，应在接件后即时报送。

6.文件阅办部门或个人，对有阅办要求的文件，应在三日内办理完毕，并将办理情况反馈至办公室。三日内不能办理完毕的，应向办公室说明原因。

二、文印管理规定

1.所有文印人员应遵守公司的保密规定，不得泄露工作中接触的公司保密事项。

2.打印正式文件，必须按文件签发规定由总经理签署意见，送信息中心打印。各部门草拟的文件、合同、资料等，由各部门自行打印。打印文件、发传真均需逐项登记，以备查验。

3.文印人员必须按时、按质、按量完成各项打字、传真、复印任务，不得积压延误。工作任务繁忙时，应加班完成。办理中如遇不清楚的地方，应及时与有关人员校对清楚。

4.文件、传真等应及时发送给有关人员。因积压延误而致工作失误或造成损失的，追究当事人的责任。

5.严禁擅自为私人打印、复印材料，违犯者视情节轻重给予罚款处理。

图 3-2　输入文本

提示：输入中文字符需要使用相应的中文输入法，安装 Office 2016 后，系统会默认安装中文输入法。通常情况下，用户可以自行选择适合自己的中文输入法来输入中文字符。

步骤 02：输入完成后，以每段为一个单位，在段末按 Enter 键，插入空行，最终结果如图 3-3 所示。

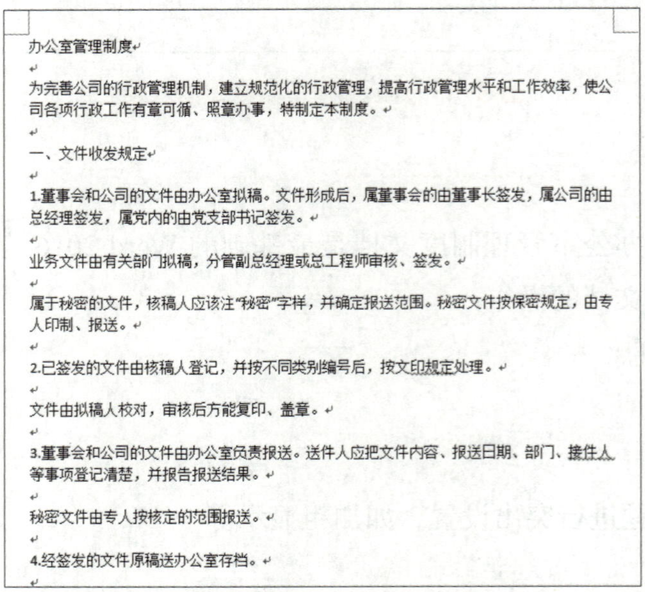

办公室管理制度

为完善公司的行政管理机制，建立规范化的行政管理，提高行政管理水平和工作效率，使公司各项行政工作有章可循、照章办事，特制定本制度。

一、文件收发规定

1.董事会和公司的文件由办公室拟稿。文件形成后，属董事会的由董事长签发，属公司的由总经理签发，属党内的由党支部书记签发。

业务文件由有关部门拟稿，分管副总经理或总工程师审核、签发。

属于秘密的文件，核稿人应该注“秘密”字样，并确定报送范围。秘密文件按保密规定，由专人印制、报送。

2.已签发的文件由核稿人登记，并按不同类别编号后，按文印规定处理。

文件由拟稿人校对，审核后方能复印、盖章。

3.董事会和公司的文件由办公室负责报送。送件人应把文件内容、报送日期、部门、接件人等事项登记清楚，并报告报送结果。

秘密文件由专人按核定的范围报送。

4.经签发的文件原稿送办公室存档。

图 3-3　输入空行

注意：在输入空行的过程中，用户可能会遇到段首有数字（如 1、2、一、二……）的情况，按 Enter 键，系统会自动套用项目编号，如果用户不需要项目编号，则可通过单击“快速访问工具栏”中的“撤销”按钮来撤销自动套用格式，或者按快捷键 Ctrl+Z 来撤销。

步骤 03：参照图 3-1，设置“办公室管理制度”文字的字号为“一号”，加粗显示，对齐方式为“居中”，设置后的效果如图 3-4 所示。

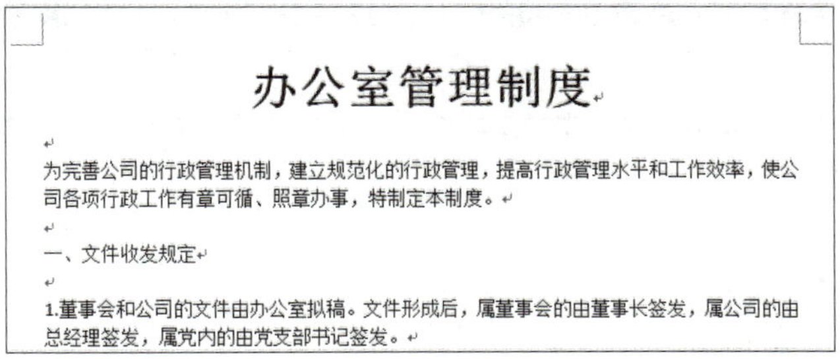

办公室管理制度

为完善公司的行政管理机制，建立规范化的行政管理，提高行政管理水平和工作效率，使公司各项行政工作有章可循、照章办事，特制定本制度。

一、文件收发规定

1.董事会和公司的文件由办公室拟稿。文件形成后，属董事会的由董事长签发，属公司的由总经理签发，属党内的由党支部书记签发。

图 3-4　设置“办公室管理制度”文本格式

提示：设置文字的加粗显示，可以直接在“开始”选项卡的“字体”组中单击“加粗”按钮，也可以使用快捷键 Ctrl+B 来实现。

步骤 04：将“一、文件收发规定”“二、文印管理规定”“三、办公用品购置及领用规定”“四、电话使用规定”的文字字号均设置为“小二”，加粗显示，对齐方式为“居中”，最终效果见图 3-1。

至此，一份简单的办公室管理制度文档就制作完成了。

必备知识

一、常用的图文编辑软件

根据不同的需求，有不同类型的图文编辑软件可供选用。目前来说，常见的图文编辑软件有办公系列（如 Microsoft Office、WPS Office）、H5 排版系列（如创客贴、易企秀等）以及其他系列（如秒书、刻绘大师等）。这里只针对办公系列软件进行介绍。

1. Microsoft Office

Microsoft Office 是微软公司推出的计算及办公自动化软件，其界面友好、操作简便、功能强大，无论是编辑文档、处理数据报表，还是制作演示文稿，都能轻松、高效地完成。

2. WPS Office

WPS Office 是由金山软件股份有限公司自主研发的办公软件套装，包括文字处理、表格处理、演示文稿制作等功能。它具有内存占用率低、运行速度可靠、体积小巧的特点，同时它免费提供在线存储空间和海量文档模板。

二、Word 2016 的基本操作

1. Word 2016 的工作界面

安装好 Office 2016 后，执行“开始”→“Word 2016”命令，即可启动 Word 2016。Word 2016 的工作界面如图 3-5 所示。

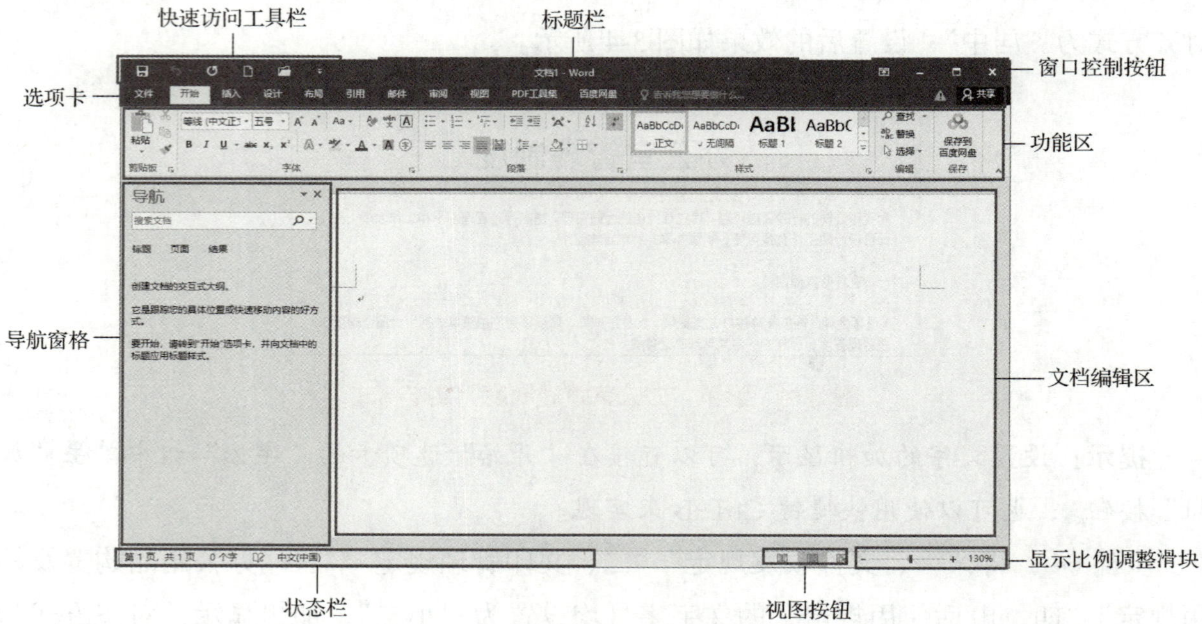

图 3-5　Word 2016 的工作界面

（1）标题栏。标题栏用来显示当前编辑的文档名和应用程序名（Word）。当用户新建一个文档且未命名时，Word 会自动以“文档 1”（依次为“文档 2”“文档 3”……）作为临时文件名显示在标题栏中间。在标题栏中从左至右依次显示了当前打开的文档名称、程序名称、功能区显示选项按钮（用于显示隐藏功能区、仅显示选项卡、显示选项卡和命令）和窗口控制按钮。

（2）快速访问工具栏。该工具栏提供了最常用的“保存”按钮（用来保存当前文档）；“撤销”按钮（可以撤销已做过的工作，如键入文字、设置图片格式等）；“恢复”按钮（可以恢复被撤销的工作）。单击对应的按钮即可执行相应的操作。如需在快速访问工具栏中添加其他按钮，可单击其后的按钮，在弹出的下拉列表中选择所需的选项即可。另外，在该下拉列表中选择“在功能区下方显示”选项可改变快速访问工具栏的位置。

（3）窗口控制按钮。窗口控制按钮分为三种，即“最大化”按钮（“还原”按钮）、“最小化”按钮和“关闭”按钮。

（4）选项卡。Word 2016 提供“开始”“插入”“设计”“布局”“引用”“邮件”“审阅”“视图”等多个选项卡，单击相应的选项卡，可以切换到对应的功能区。

（5）功能区。功能区是 Word 2016 中各种命令的集合，每个功能区中集成了相应的

功能，通过这些功能，用户可以完成对文档的编辑。

（6）导航窗格。导航窗格默认情况下位于窗口的左侧，用于搜索文中内容和显示目录等。

（7）文档编辑区。文档编辑区是 Word 2016 的工作区域，在该区域中可以输入文本信息，插入图片、图形等内容。

（8）状态栏。状态栏位于窗口的底部，用于显示当前文档的状态和相关信息。

（9）视图按钮。在状态栏的右侧有三个视图切换按钮，包括“阅读视图”“页面视图”和“Web 版式视图”，单击对应的按钮可以切换到对应的视图模式。

（10）显示比例调整滑块。拖动滑块可以调整视图显示大小，向左拖动是缩小视图，向右拖动是放大视图。

2. 创建新文档

文档的制作、编辑从创建新文档开始，一般来说，有以下四种创建新文档的方法：

（1）使用快捷菜单创建空白文档。在桌面空白处右击，在弹出的快捷菜单中选择“新建”→“Microsoft Word 文档”命令，即可新建一个空白 Word 文档。新建 Word 文档后，可以对该文档进行重命名（注意不要修改文档扩展名）。双击该文档，可以启动 Word，并在 Word 中打开该文档。

（2）启动 Word 2016 的同时创建一个空白文档。执行“开始”→“Word 2016”命令，使用该方法将启动 Word 2016，同时打开一个名为“文档 1”的空白文档，用户可以直接在该窗口中输入内容并对其进行编辑和排版。

（3）在已打开的 Word 文档中创建空白文档。在已打开的 Word 文档中执行“文件”→“新建”命令，然后在“新建”窗格中单击“空白文档”图标按钮，即可创建一个新的空白文档。

（4）使用模板建立文档。Word 2016 除了有空白文档模板之外，还内置了新闻稿、书法字帖等多种模板，利用这些模板，可以创建具有一定专业格式的文档。

注意：通过模板创建的文档含有预先设置好的内容，使得用户能快速实现文档的制作。除了使用 Word 内置的一些模板外，用户还可以通过网络下载更多模板。

3. 打开文档

安装好 Office 2016 之后，系统会自动进行扩展名关联，当要打开一个 Word 文档时，可以直接双击该 Word 文档，则系统会自动调用 Word 2016 进行打开。

如果系统中安装了多个文档编辑软件，则可右击文档，在弹出的快捷菜单中选择“打开方式”命令，然后在弹出的子菜单中选择“Word 2016”命令。

4. 保存文档

保存文档的方法有以下几种：

（1）单击快速访问工具栏中的“保存”按钮或执行“文件”→“保存”命令。若是第一次保存，将弹出“另存为”对话框，用户可设置文档名和存储路径。文档保存类型一般选择“Word 文档”。

（2）执行“文件”→“另存为”命令，弹出“另存为”对话框，用户可选择存储路径，并在相应路径下以相应文档名存储该文档。这种方法可实现文档在资源管理器中的复制。保存完后，Word 将返回文档编辑状态，并打开复制得到的文档。

（3）直接按快捷键 Ctrl+S 保存。

5. 编辑文档

（1）输入文本。在 Word 中打开文档后，文档中至少存在一个段落标记。将插入点定位到段落标记前，通过键盘可以向文档中输入文字。按 Enter 键，可以插入一个段落标记，重新开始一个段落。输入文本时注意以下事项：

①对齐文本时不要用空格键，应该使用制表符、缩进等方式。

②当输入到行尾时，不需要按 Enter 键换行，系统会自动换行。输入到段落末尾时，应按 Enter 键产生一个硬回车，表示段落结束。如果需要换行但不换段，可以按快捷键 Shift+Enter 产生一个软回车。

③如果需要强制换页，则可切换到“插入”选项卡，在“页面”组中单击“分页”按钮或切换到“布局”选项卡，在“页面设置”组中单击“分隔符”下拉按钮，然后在弹出的下拉列表中选择“分页符”选项。

④在输入的文本中间插入内容时，应将当前状态设置为插入，按 Insert 键设置“插入”和“改写”状态。

⑤插入空行：在“插入”状态下，将插入点移到需要插入空行的位置，按 Enter 键。如果要在文档的开始插入空行，则将光标定位到文首，按 Enter 键。

⑥删除空行：将光标移到空行处，按 Delete 键。

（2）选择文本。对文档中的对象进行编辑时首先要选中它。对于文字，常用的选中方式是鼠标拖动，在起始位置按住鼠标左键，然后拖动到结束位置后释放鼠标左键。在 Word 2016 中还有一些特殊的文本选择方法，有时可以帮助用户更快地进行文本选择，具体如下：

①选择单行或多行文本：在某行左侧的文本选择区单击，即可选择整行文字。按住鼠标左键上下拖动可选择多行文本。

②选择段落：在段落左侧的文本选择区双击，或者在段落中连续单击三次即可选择整段文本。

③选择某句：按住 Ctrl 键的同时单击某句中的文字，即可选择该句文本。

④选择词语：双击某词语即可选择该词语。

⑤选择大块文本：如果要选择的文本较长，可以先在起始位置单击，然后拖动滚动条显示结束位置，按住 Shift 键的同时单击结束位置即可选择两次定位之间的所有文本。

⑥选择矩形文本块：先在起始位置单击，然后按住 Alt 键向下拖动鼠标，即可选择矩形文本块。

⑦选择整篇文档：在文本选择区连续单击三次。

⑧选择格式相同的文本：首先选中要设置格式的第一部分文本，然后切换到“开始”选项卡，在“编辑”组中单击“选择”下拉按钮，在弹出的下拉列表中选择“选定所有格式类似的文本”选项。

（3）移动文本。移动文本即剪切文本，在文本编辑过程中，为了重新组织文档结构，经常需要将某些文本从一个位置移动到另一个位置。既可以在当前页内移动文本，也可以将文本从某一页移动到另一页，甚至可以从一个文档移动到另一个文档。移动文本可以使用鼠标进行，也可以使用键盘进行。

①使用鼠标移动文本。使用鼠标移动文本是最常用的操作方法，适合移动距离较小的情况，操作步骤如下：

a. 选择要移动的内容。

b. 将鼠标指针移到被选中的文本上，此时鼠标指针变为形状。

c. 按住鼠标左键不放并拖动鼠标，将选定内容移到目标位置。释放鼠标左键，此时选定的内容即被移动到指定位置。

②使用剪贴板移动文本。剪贴板是一个公用临时存储区，所有剪切或复制的项目都将自动置于 Office 剪贴板之中。它可实现程序间的信息交换。剪贴板可以收集在 Office 文档或其他程序中复制的文字和图形，最多 24 项。

a. 剪切文字：先选定文本，然后切换到“开始”选项卡，在“剪贴板”组中单击“剪切”按钮，或者在选定的文本上右击，在弹出的快捷菜单中选择“剪切”命令，完成剪切操作。

b. 粘贴文字：粘贴操作用于将剪贴板上的内容插入文档中插入点所在的位置。剪切文本后，将光标定位到插入内容的位置，然后切换到“开始”选项卡，在“剪贴板”组中单击“粘贴”按钮，或者在插入点处右击，在弹出的快捷菜单中选择“粘贴”命令，完成粘贴操作。

（4）复制文本。在文本编辑过程中，复制也是常用功能之一。复制文本既可以使用鼠标操作，也可以使用键盘来操作。复制的方法有以下几种：

①使用鼠标拖动。

a. 选择要复制的文本。

b. 按住 Ctrl 键，同时按住鼠标左键不放，鼠标箭头指针右下角出现“+”符号。

c. 拖动鼠标到目的位置再释放鼠标，所选内容即被复制到指定的位置。

②使用快捷方式。

a. 选择需要复制的文本。

b. 按快捷键 Ctrl+C。

c. 将插入点定位到目标位置。

d. 按快捷键 Ctrl+V，即可将指定内容复制到目标位置。

③使用剪贴板。

a. 复制文字。先选择文本，然后切换到“开始”选项卡，在“剪贴板”组中单击“复制”按钮，或者在选中的文本上右击，在弹出的快捷菜单中选择“复制”命令，完成复制操作。

b. 粘贴文字。复制文本后，将光标定位到插入内容的位置，然后切换到“开始”选项卡，在“剪贴板”组中单击“粘贴”按钮，或者在插入点处右击，在弹出的快捷菜单中选择“粘贴”命令，完成粘贴操作。

测试题

（5）删除文本。删除文本可选择下面的键盘操作。

①按 Delete 键：删除光标右侧的一个字符。

②按 Backspace 键：删除光标左侧的一个字符。

③按快捷键 Ctrl+Backspace：删除光标左侧的一句话或一个英文单词。

④按快捷键 Ctrl+Delete：删除光标右侧的一句话或一个英文单词。

（6）查找和替换。利用 Word 2016 提供的查找和替换功能，可以实现查找指定字符并进行定向替换。如果只是查找内容，则可直接在左侧的导航窗格的搜索框中输入要查找的内容，Word 会自动进行查找并显示查找结果。

如果查找后想要进行替换，则可切换到“开始”选项卡，在“编辑”组中单击“替换”按钮，弹出“查找和替换”对话框（图 3-6），在“替换”选项卡的“查找内容”文本框中输入要查找的内容，然后在“替换为”文本框中输入要替换为的文本，如果要一个个确认，可以单击“查找下一处”按钮，确认无误后再单击“替换”按钮；如果想要统一替换，则可直接单击“全部替换”按钮。

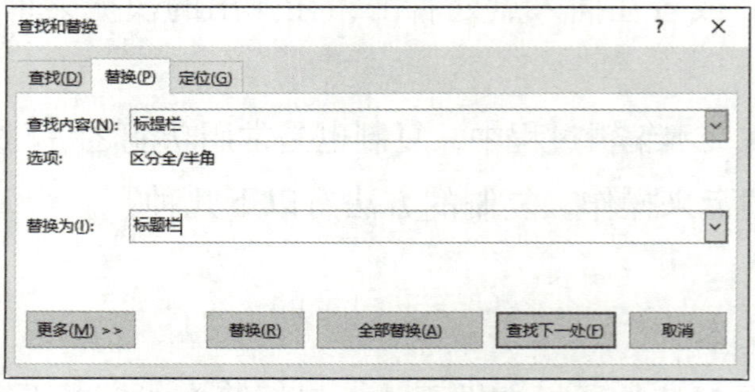

图 3-6 “查找和替换”对话框

拓展训练

某公司决定在2021年5月8日进行户外活动，需要行政部门制作一份扩展活动通知书。小张作为行政部的员工，需要准备一份关于“户外活动”的通知书，使用文字编辑办公软件进行编辑，然后保存。

（1）新建文档。启动 Word 2016，在编辑窗口输入文字，如图 3-7 所示。

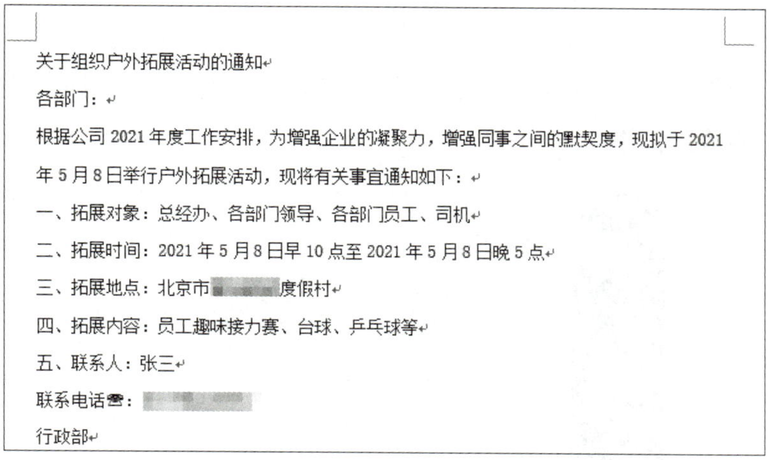

关于组织户外拓展活动的通知

各部门：

根据公司 2021 年度工作安排，为增强企业的凝聚力，增强同事之间的默契度，现拟于 2021 年 5 月 8 日举行户外拓展活动，现将有关事宜通知如下：

一、拓展对象：总经办、各部门领导、各部门员工、司机

二、拓展时间：2021 年 5 月 8 日早 10 点至 2021 年 5 月 8 日晚 5 点

三、拓展地点：北京市[illegible]度假村

四、拓展内容：员工趣味接力赛、台球、乒乓球等

五、联系人：张三

联系电话☎：[illegible]

行政部

图 3-7 “户外活动”通知书

（2）居中并加粗。选中文本“关于组织户外拓展活动的通知”，设置为居中对齐并加粗显示。

（3）输入日期。在文档中输入日期“2021 年 4 月 21 日”，可以在“插入”选项卡的“文本”组中单击“日期和时间”按钮，从打开的对话框中选择一种日期和时间格式。

（4）保存文档。单击快速访问工具栏中的“保存”按钮，或者执行“文件”→“保存”或“另存为”命令，在弹出的“另存为”对话框中选择文档保存的位置，在“文件名”后的文本框中输入要保存的文档名“户外活动通知书”，采用默认文档格式。保存文档后不关闭当前文档。

三、文档类型的转换与合并文档

1. 文档类型的转换

Word 2016 提供了转换文档类型的功能，通过该功能，可以将 Word 格式的文档转换为 PDF、HTML、TXT 等格式。

（1）执行“文件”→“另存为”命令，弹出“另存为”对话框，单击“浏览”按钮，在“保存类型”下拉列表中列出多种保存格式，如图 3-8 所示。

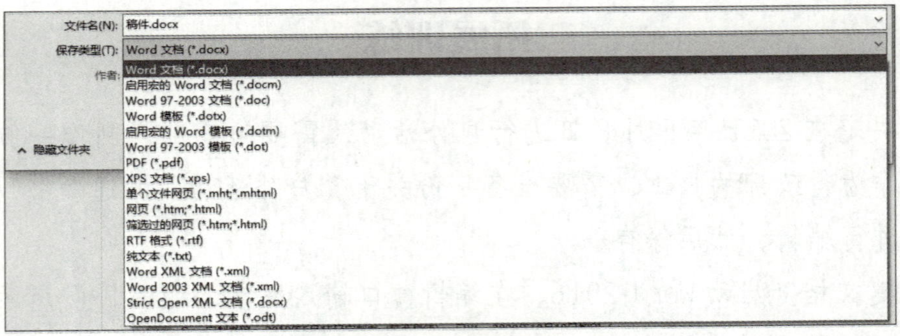

图 3-8　保存格式列表

（2）执行“文件”→“导出”命令，进入“导出”界面，选择“更改文件类型”选项，可以有更多选择，如图 3-9 所示。

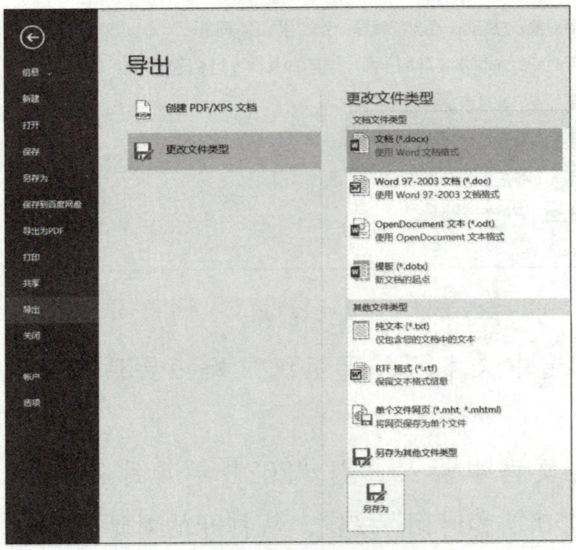

图 3-9　“导出”界面

2. 合并文档

如果一个文档有两个不同的版本，则可利用 Word 2016 提供的合并功能将这两个版本的文档合并。例如，对由两位不同审阅人做了修订的同一文档进行合并，可切换到“审阅”选项卡，然后在“比较”组中单击“比较”下拉按钮，在弹出的下拉列表中选择“合并”选项，弹出“合并文档”对话框，如图 3-10 所示。

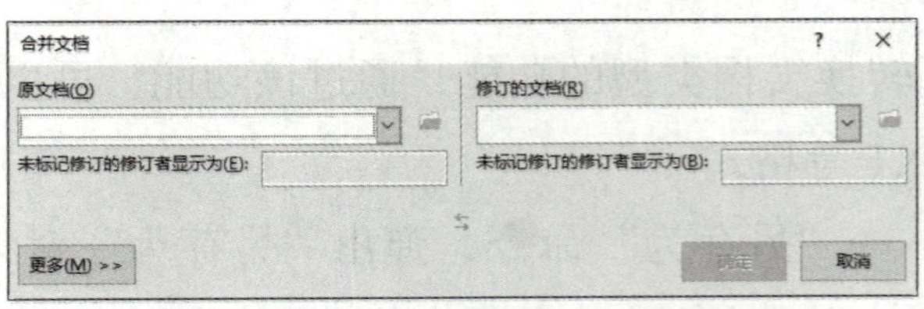

图 3-10　“合并文档”对话框

选择原文档和修订的文档，单击“确定”按钮即可。

拓展训练

使用上述文档类型转换的方法将“户外活动通知书.docx”转换为PDF文件。

视频

类型的转换以及修订和批注的使用

四、修订和批注文档

1. 修订文档

Word文档作者将文档发给审阅者后，审阅者有时希望直接修改文档，但同时希望保留修改的痕迹，以便知道什么位置做了什么改动。Word提供的修订功能可满足这种要求。

针对图3-11中所示的文本进行修订操作，效果如图3-12所示。

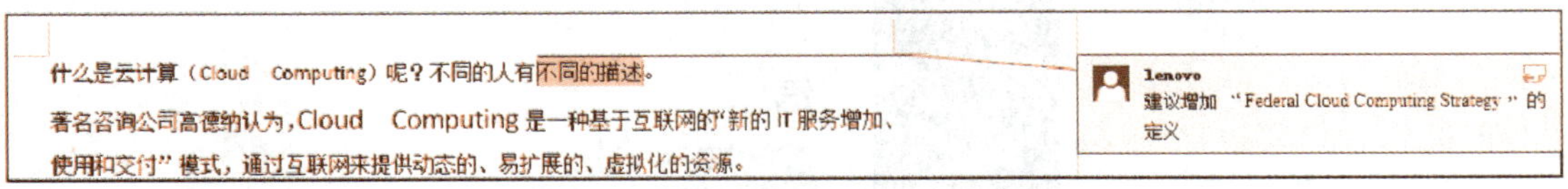

图3-11　添加批注

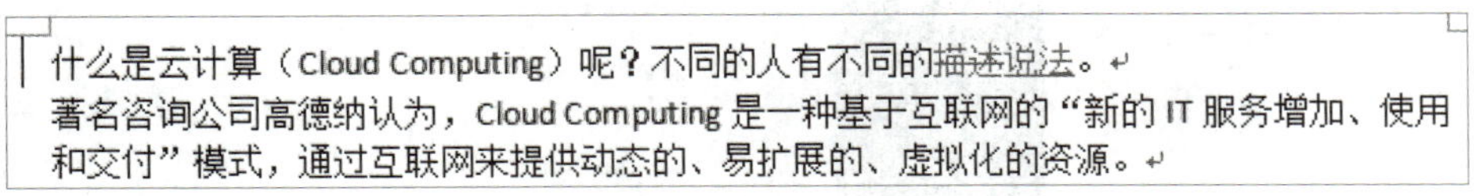

图3-12　修订文档

实现方法如下：

（1）切换到“审阅”选项卡，在“修订”组中单击“修订”按钮。此时，文档处于修订状态。

（2）选中第一段中的“描述”文本，按Delete键。

（3）在“描述”后输入“说法”。此时，“描述”和“说法”显示了相应标记。

注意：在“修订”状态下，切换到“审阅”选项卡，在“更改”组中单击“接受”下拉按钮，在弹出的下拉列表中选择“接受对文档的所有修订”选项，可实现对文档的真正修改（这一步通常由文档作者完成）。当然，也可一条条地接受修订。通常，在普通编辑工作中应退出修订状态。

2. 批注文档

可以对Word文档进行批注，如文档作者可将文档发送给他人审阅，由审阅者通过批注的方法表达自己对文档的意见。

例如，图3-11中对文中的“不同的描述”添加批注“建议增加‘Federal Cloud Computing Strategy’的定义”。

实现方法如下：

（1）选中“不同的描述”文本。

（2）切换到“审阅”选项卡，在“批注”组中单击“新建批注”按钮。

（3）在批注框中输入批注内容。

注意：右击批注框，在弹出的快捷菜单中选择“删除批注”命令可删除批注。

五、文档保护

Word 2016 中提供了保护文档的功能，通过设置相关选项，可以控制其他人对文档的访问，防止未经授权的人查阅或编辑文档。

单击“文件”按钮，在打开的“信息”界面中单击“保护文档”下拉按钮，在弹出的下拉列表中可以选择相应的保护选项，如图 3-13 所示。

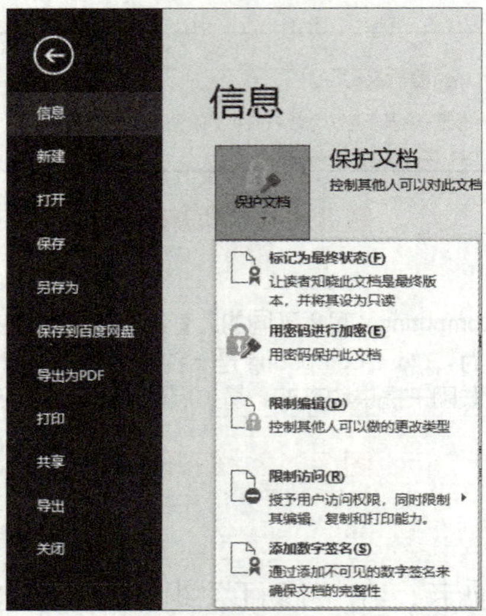

图 3-13 “保护文档”下拉列表

实践体验

制作一份“公司通告”文档，要求如下：

（1）标题文本：字体为“微软雅黑”，字号为“二号”，加粗，字体颜色为黑色，段前为0行、段后为2行，对齐方式为居中对齐。

（2）正文：字体为“宋体”，字号为“五号”；行距为1.5倍行距，首行缩进2字符。

（3）落款文本：字体为“宋体”，字号为“小五”；行距为1.5倍行距，首行缩进2字符，对齐方式为右对齐。

最终样文如图3-14所示。

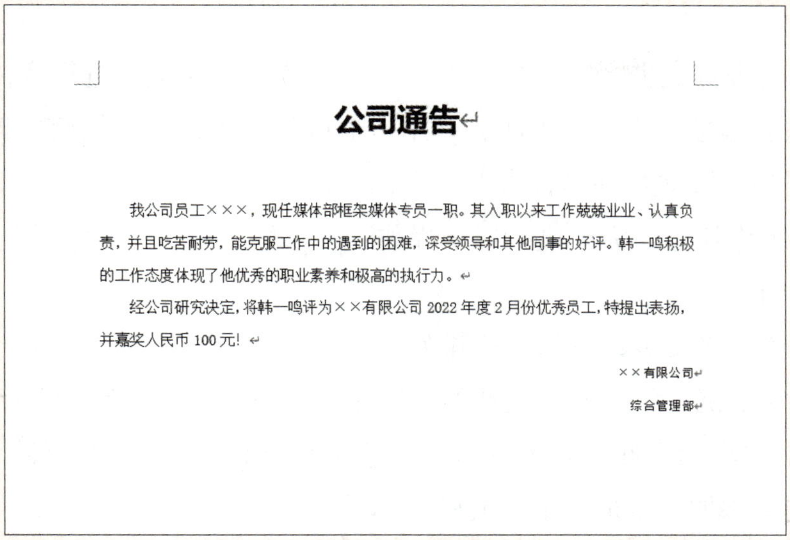

公司通告

我公司员工×××，现任媒体部框架媒体专员一职。其入职以来工作兢兢业业、认真负责，并且吃苦耐劳，能克服工作中的遇到的困难，深受领导和其他同事的好评。韩一鸣积极的工作态度体现了他优秀的职业素养和极高的执行力。

经公司研究决定，将韩一鸣评为××有限公司 2022 年度 2 月份优秀员工，特提出表扬，并嘉奖人民币 100 元！

××有限公司

综合管理部

图 3-14 “公司通告”最终样文

任务二 设置文本格式

任务描述

为弘扬正能量，提醒学生注意交通安全、防火防盗，保障学生的安全，校学生会决定成立校刊编辑部，创办电子版校报。电子版校报的样文如图 3-15 所示。

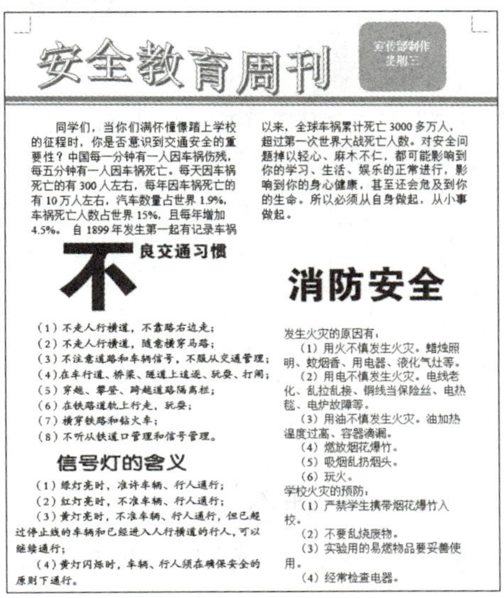

安全教育周刊

同学们，当你们满怀憧憬踏上学校的征程时，你是否意识到交通安全的重要性？中国每一分钟有一人因车祸伤残，每五分钟有一人因车祸死亡。每天因车祸死亡的有 300 人左右，每年因车祸死亡的有 10 万人左右，汽车数量占世界 1.9%，车祸死亡人数占世界 15%，且每年增加 4.5%。自 1899 年发生第一起有记录车祸以来，全球车祸累计死亡 3000 多万人，超过第一次世界大战死亡人数。对安全问题掉以轻心、麻木不仁，都可能影响到你的学习、生活、娱乐的正常进行，影响到你的身心健康，甚至还会危及到你的生命。所以必须从自身做起，从小事做起。

不良交通习惯

（1）不走人行横道，不靠路右边走；
（2）不走人行横道，随意横穿马路；
（3）不注意道路和车辆信号，不服从交通管理；
（4）在车行道、桥梁、隧道上追逐、玩耍、打闹；
（5）穿越、攀登、跨越道路隔离栏；
（6）在铁路道轨上行走，玩耍；
（7）横穿铁路和钻火车；
（8）不听从铁道口管理和信号管理。

信号灯的含义

（1）绿灯亮时，准许车辆、行人通行；
（2）红灯亮时，不准车辆、行人通行；
（3）黄灯亮时，不准车辆、行人通行，但已越过停止线的车辆和已经进入人行横道的行人，可以继续通行；
（4）黄灯闪烁时，车辆、行人须在确保安全的原则下通行。

消防安全

发生火灾的原因有：
（1）用火不慎发生火灾。蜡烛照明、蚊烟香、用电器、液化气灶等。
（2）用电不慎发生火灾。电线老化、乱拉乱接、铜线当保险丝、电热毯、电炉故障等。
（3）用油不慎发生火灾。油加热温度过高、容器滴漏。
（4）燃放烟花爆竹。
（5）吸烟乱扔烟头。
（6）玩火。

学校火灾的预防：
（1）严禁学生携带烟花爆竹入校。
（2）不要乱烧废物。
（3）实验用的易燃物品要妥善使用。
（4）经常检查电器。

图 3-15 电子版校报样文

任务提示

制作电子版校报首先进行文档打开操作，然后按要求对文本进行字体和段落格式设置，再为文本添加编号、边框和水印，并用边框调整大小，最后加密文档，从而学会制作校报、校园周刊、散文月刊等日常办公文档。

要完成本项工作任务，需要进行以下操作：

（1）打开文档。

（2）设置分栏：将文本设置为两栏排列。

（3）设置首字下沉：将“不良交通习惯”中的“不”文本设置为首字下沉。

（4）插入艺术字：添加艺术字文本，其艺术字字体格式为“宋体、小初、加粗”，然后为艺术字文本添加“波形：下”旋转文本效果。

（5）插入文本框：添加多个文本框文本，然后设置好文本框文本的字体格式。

任务完成

1. 打开文档

启动 Word 2016，执行“文件”→“打开”命令，进入“打开”界面，选择“浏览”选项，弹出“打开”对话框，选择“电子版校报 .docx”文档，单击“打开”按钮即可打开选择的文档，如图 3-16 所示。

视频

设置文本格式 1

2. 设置分栏

选择第一段的段落文本，在“布局”选项卡的“页面设置”组中单击“栏”下拉按钮，弹出下拉列表，选择“两栏”选项，如图 3-17 所示，即可将选择的段落文本进行分栏操作。

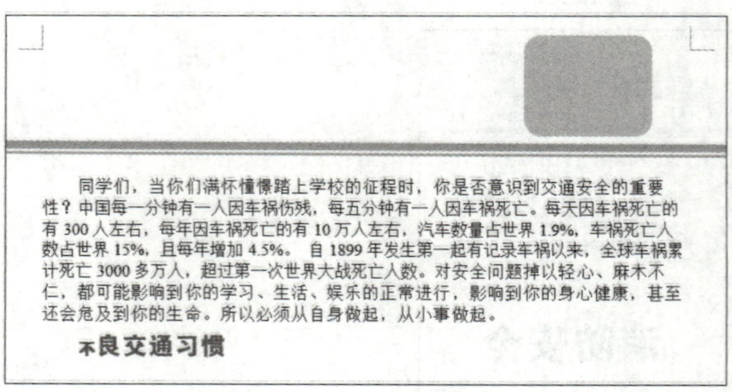

图 3-16　打开文档

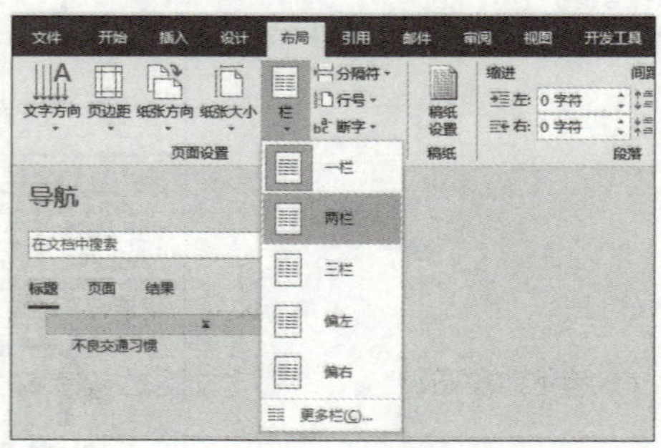

图 3-17　选择“两栏”选项

3. 设置首字下沉

选择“不良交通习惯”文本，在“插入”选项卡的“文本”组中单击“首字下沉”下拉按钮，弹出下拉列表，选择“下沉”选项，如图 3-18 所示。这样即可将选择的文本的首字设置为下沉，查看文本效果，如图 3-19 所示。

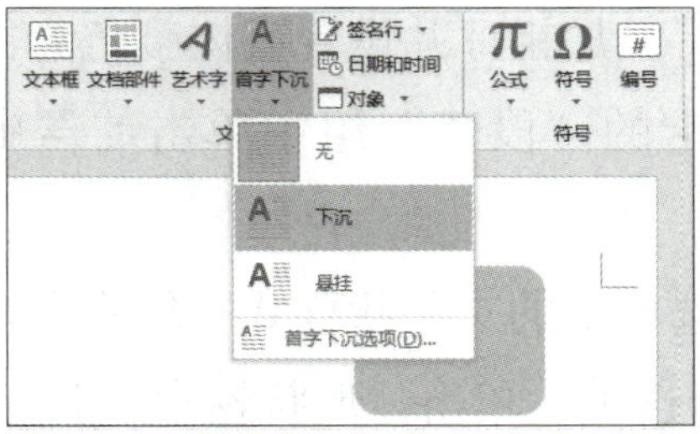

图 3-18　选择“下沉”选项

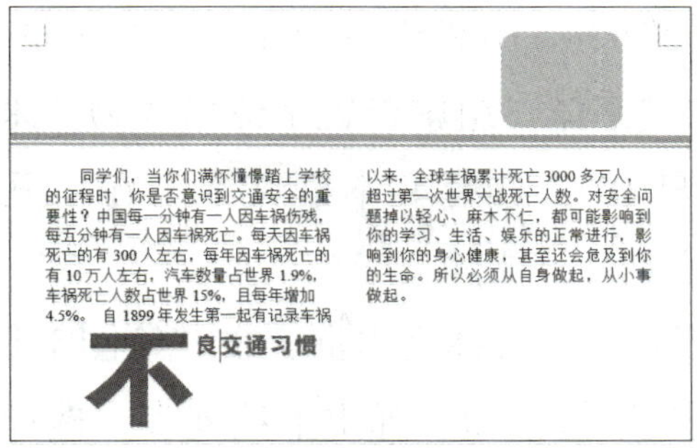

图 3-19　设置首字下沉后的文本效果

4. 插入艺术字

步骤 01：将光标定位在文档的首行位置，然后在“插入”选项卡的“文本”组中单击“艺术字”下拉按钮，弹出下拉列表，选择“填充：白色；边框：橙色，主题色 2；清晰阴影：橙色，主题色 2”艺术字样式，如图 3-20 所示。

步骤 02：在文档中将显示“请在此放置您的文字”艺术字文本框，选择文本框中的艺术字，按 Delete 键删除即可。

步骤 03：在文本框中输入文本“安全教育周刊”，然后在“开始”选项卡的“字体”组中修改字体格式为“宋体”“小初”，并加粗。

步骤 04：在“绘图工具 - 格式”选项卡的“艺术字样式”组中单击“文本效果”下拉按钮，在弹出的下拉列表中选择“转换”选项，再次弹出下拉列表，选择“波形：下”转换效果，如图 3-21 所示，为艺术字应用转换效果。

视频
设置文本格式 2

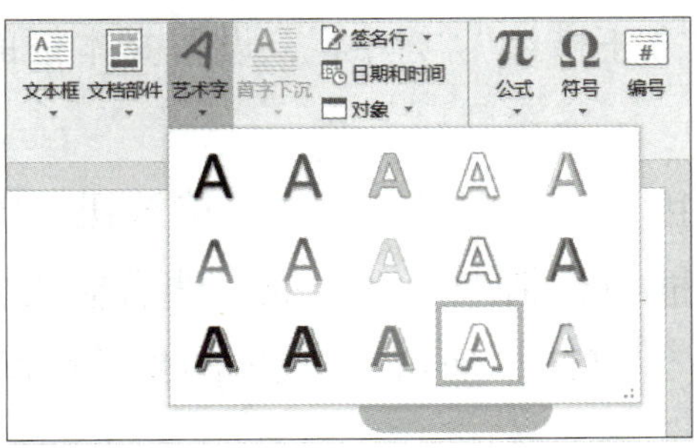

图 3-20　“艺术字”下拉列表

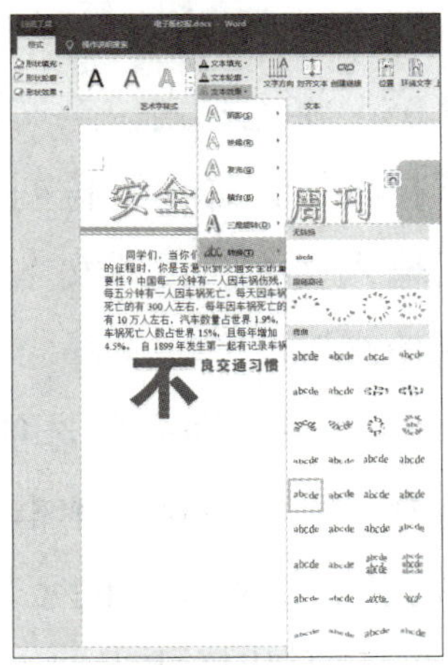

图 3-21　“转换”子选项

5. 插入文本框

步骤 01：选择文档中的圆角矩形图形，在“插入”选项卡的“文本”组中单击“文本框”下拉按钮，弹出下拉列表，选择“简单文本框”选项，如图 3-22 所示。

步骤 02：在文档中添加一个文本框，然后在文本框中输入文本，并在“开始”选项卡的“字体”组中设置字体格式为“宋体”“小四”，加粗，并设置字体颜色为白色。

步骤 03：选择文本框文本，在“开始”选项卡的“段落”组中单击“居中”按钮，居中对齐文本。

步骤 04：选择文本框，在“绘图工具 - 格式”选项卡的“形状样式”组中单击“形状填充”下拉按钮，弹出下拉列表，选择“无填充”选项。单击“形状轮廓”下拉按钮，弹出下拉列表，选择“无轮廓”选项，设置好文本框的形状填充和轮廓，然后将文本框移动至合适的位置，其文本框效果如图 3-23 所示。

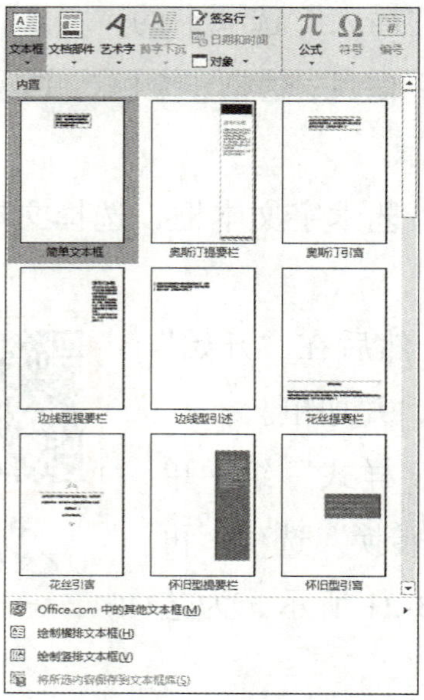

图 3-22　选择“简单文本框”选项

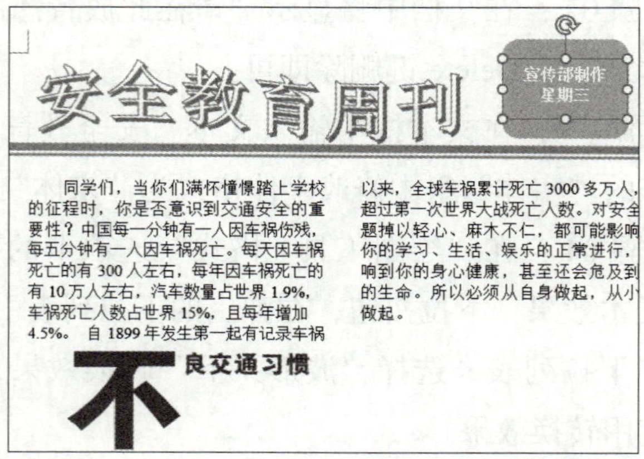

图 3-23　添加文本框效果

步骤 05：将光标定位至文档的末尾处，在“插入”选项卡的“文本”组中单击“文本框”下拉按钮，弹出下拉列表，选择“绘制文本框”选项，在文本框中绘制两个文本框，然后输入文本。设置文本的字体格式为“方正楷体”“小四”，设置文本框的形状样式为“无轮廓”。

步骤 06：在“插入”选项卡的“文本”组中单击“文本框”下拉按钮，弹出下拉列表，选择“绘制横排文本框”选项，在文本框中绘制一个文本框，然后输入文本“信号灯的含义”。设置文本的字体格式为“幼圆”“二号”，加粗，设置字体颜色为深红色，设置文本框的形状样式为“无轮廓”。

步骤 07：在“插入”选项卡的“文本”组中单击“文本框”下拉按钮，弹出下拉列表，选择“绘制横排文本框”选项，在文本框中绘制一个文本框，然后输入文本“消防安全”。设置文本的字体格式为“方正粗黑简体”“二号”，加粗，设置字体颜色为深红色，设置文本框的形状样式为“无轮廓”。

步骤 08：对添加后的各个文本框进行移动和排版操作，其文档效果如图 3-24 所示。

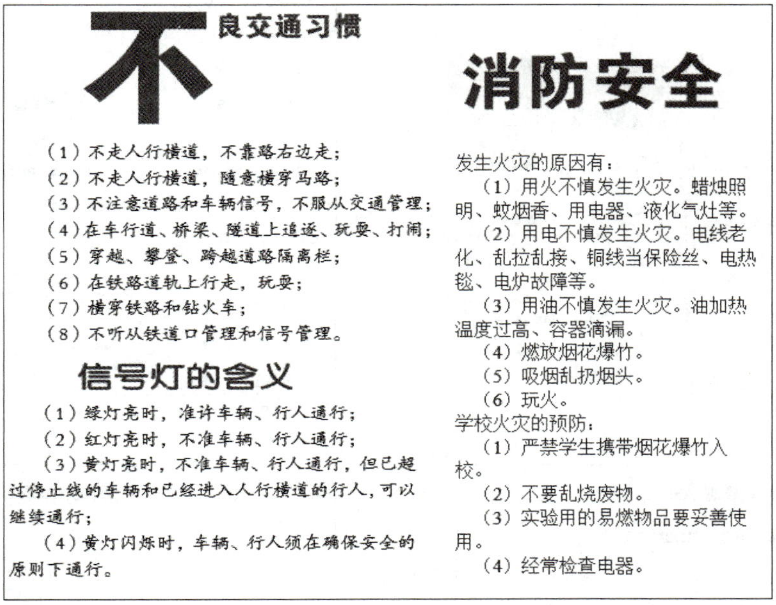

不良交通习惯

（1）不走人行横道，不靠路右边走；
（2）不走人行横道，随意横穿马路；
（3）不注意道路和车辆信号，不服从交通管理；
（4）在车行道、桥梁、隧道上追逐、玩耍、打闹；
（5）穿越、攀登、跨越道路隔离栏；
（6）在铁路道轨上行走，玩耍；
（7）横穿铁路和钻火车；
（8）不听从铁道口管理和信号管理。

信号灯的含义

（1）绿灯亮时，准许车辆、行人通行；
（2）红灯亮时，不准车辆、行人通行；
（3）黄灯亮时，不准车辆、行人通行，但已越过停止线的车辆和已经进入人行横道的行人，可以继续通行；
（4）黄灯闪烁时，车辆、行人须在确保安全的原则下通行。

消防安全

发生火灾的原因有：
（1）用火不慎发生火灾。蜡烛照明、蚊烟香、用电器、液化气灶等。
（2）用电不慎发生火灾。电线老化、乱拉乱接、铜线当保险丝、电热毯、电炉故障等。
（3）用油不慎发生火灾。油加热温度过高、容器滴漏。
（4）燃放烟花爆竹。
（5）吸烟乱扔烟头。
（6）玩火。
学校火灾的预防：
（1）严禁学生携带烟花爆竹入校。
（2）不要乱烧废物。
（3）实验用的易燃物品要妥善使用。
（4）经常检查电器。

图 3-24 添加多个文本框文本

必备知识

一、设置文字、段落和页面格式

1. 设置文字格式

常用的文字格式设置包括字体、字形、字号、字体颜色、加粗、倾斜、下划线等。文字格式设置通过“开始”选项卡的“字体”组来实现，如图 3-25 所示。

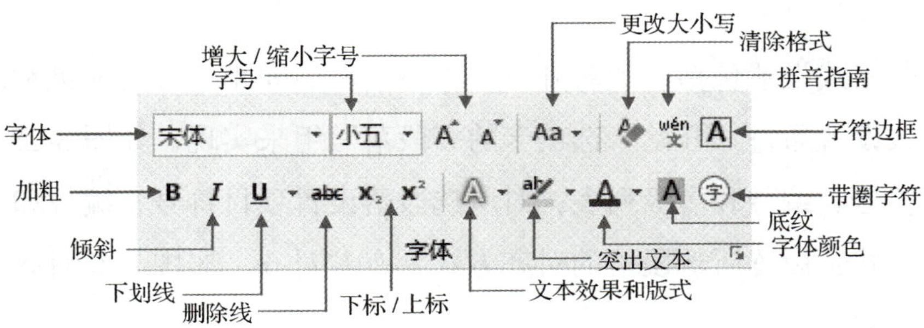

图 3-25 “字体”组

利用“字体”对话框也可以设置文字格式。在“开始”选项卡的“字体”组中单击对话框启动器按钮，可以打开“字体”对话框，在该对话框中对选中的文本进行文字格式设置，如图 3-26 所示。

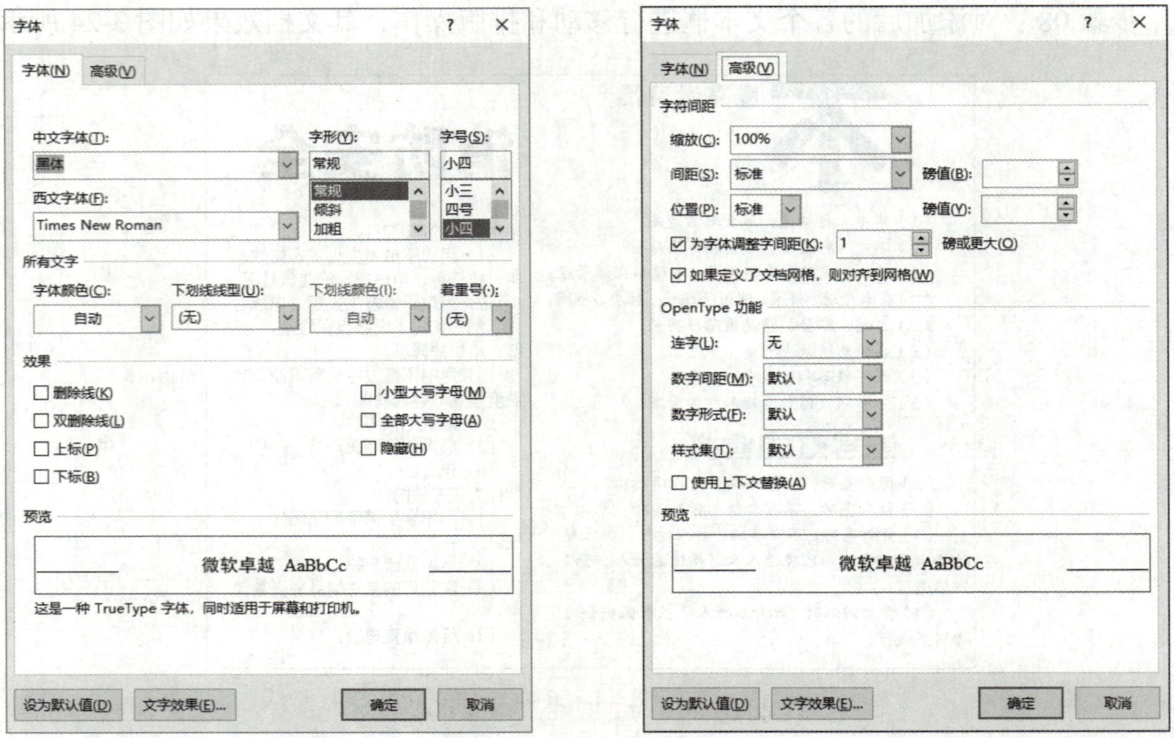

图 3-26 “字体”对话框

此外，还可以利用浮动面板对选择的文本进行字体设置，如图 3-27 所示。

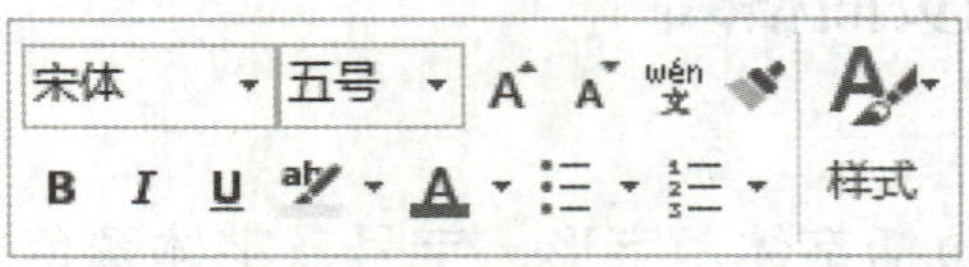

图 3-27 浮动面板

2. 设置段落格式

常用的段落格式设置包括设置对齐方式、段前段后间距、首行缩进和悬挂缩进、行距等。段落格式设置通过“开始”选项卡的“段落”组来实现，如图 3-28 所示。

（1）项目符号、编号和多级列表：对所选段落设置项目符号、编号和多级列表。

（2）对齐方式：设置所选段落的对齐方式，有左对齐、居中、右对齐、两端对齐和分散对齐五种方式。

（3）增加 / 减少缩进量：增减段落左侧与左页边的距离。

（4）行距：对所选段落各行之间的距离进行调整，可以在“行距”下拉列表框中进行选择。

（5）字符缩放：对所选字符的宽度进行调整。

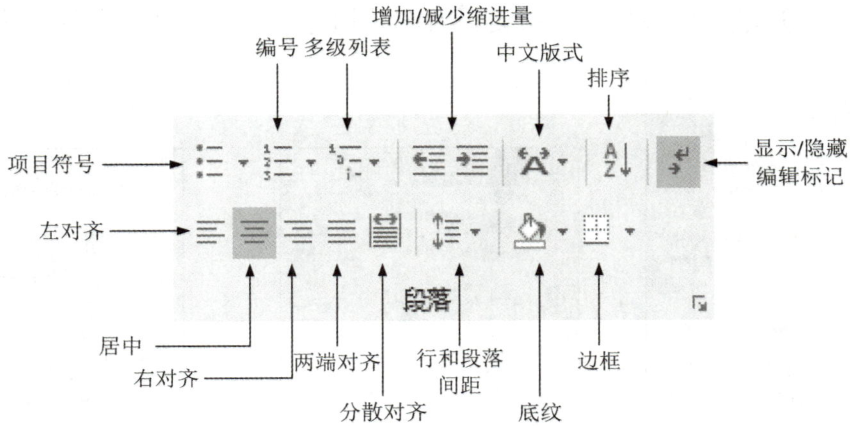

图 3-28 “段落”组

（6）排序：按字母顺序对所选文字排序或对数字数据排序。

（7）底纹：对所选文本或段落设置背景颜色，可以在调色板中选择颜色。

（8）边框：对所选文本或段落添加边框，可以在下拉列表框中选择不同的边框类型。

（9）显示 / 隐藏编辑标记：显示段落标记或其他隐藏的格式符号。

利用“段落”对话框也可以进行段落格式设置，单击“段落”组中的对话框启动器按钮，打开“段落”对话框，在此对话框中可以对选择的段落进行格式设置，如图 3-29 所示。

3. 设置页面格式

（1）自定义页边距。页边距的设置可以使宣传单更加美观。页边距包括上、下、左、右边距，以及页眉和页脚到页边界的距离。使用此功能来设置页边距十分精确。

在设置文档的页边距时，如果想用 Word 中自带的页边距参数，则在“页边距”下拉列表中选择“常规”“宽”和“窄”等选项即可，如图 3-30 所示；如果使用自定义的参数进行页边距设置，则可以在“页边距”下拉列表中选择“自定义页边距”选项，弹出“页面设置”对话框，设置“页边距”选项卡中的各参数即可，如图 3-31 所示。

（2）背景效果设置。为 Word 文档页面设置背景色可以有效提升文档的美观程度，使文档不再显得单调。背景色设置分为颜色、渐变、图案、图片。除了在计算机上显示，背景色还能设置随文字一起打印出来。

设置文档背景时，在“设计”选项卡的“页面背景”组中单击“页面颜色”下拉按钮，在弹出的下拉列表中选择合适的颜色，即可设置页面背景颜色。如果对已有的页面颜色不满意，则可以在“页面颜色”下拉列表中选择“其他颜色”选项，弹出“颜色”对话框，选择其他颜色或自定义颜色即可，如图 3-32 所示。如果需要将页面背景设置为渐变、图案等效果，则可以在“页面颜色”下拉列表中选择“填充效果”选项，弹出“填充效果”对话框，如图 3-33 所示。如果要设置渐变色，则可以在“渐变”选项卡中设置；如果要设置纹理效果，则可以在“纹理”选项卡中设置；如果要设置图案填充，则可以在“图案”选项卡中设置；如果要设置图片填充，则可以在“图片”选项卡中设置。

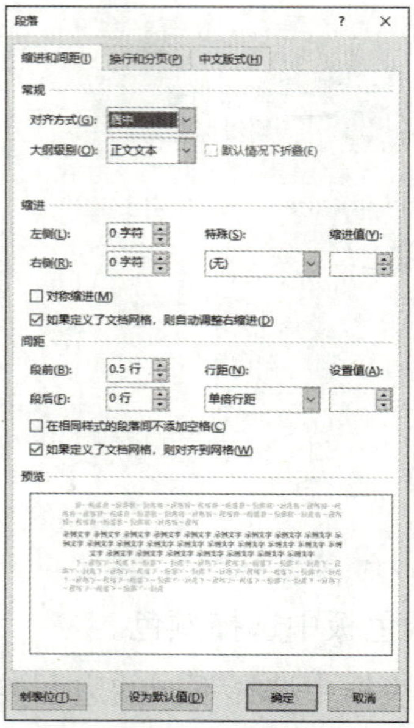

图 3-29 “段落”对话框

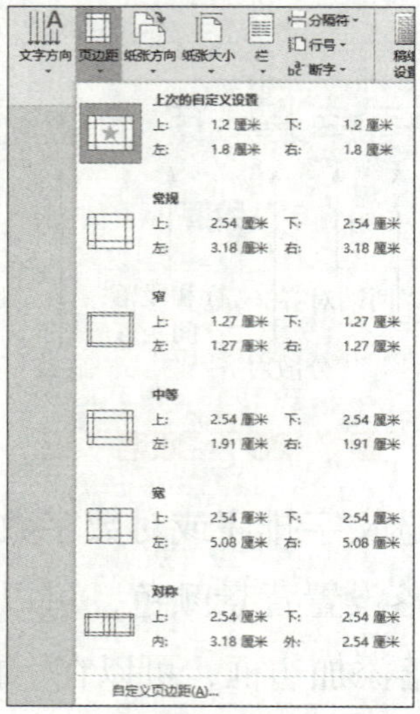

图 3-30 “页边距”下拉列表

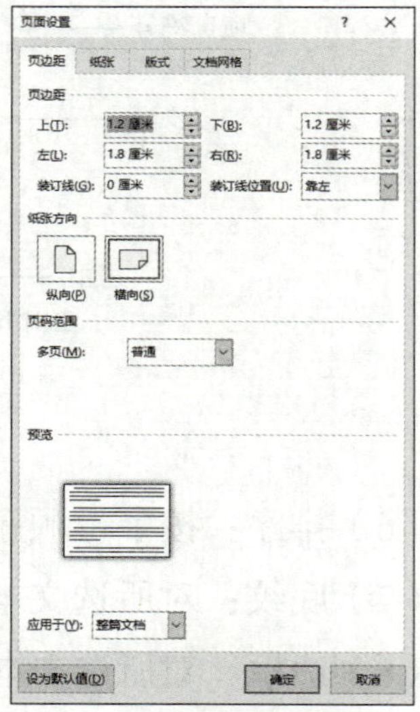

图 3-31 “页面设置”对话框

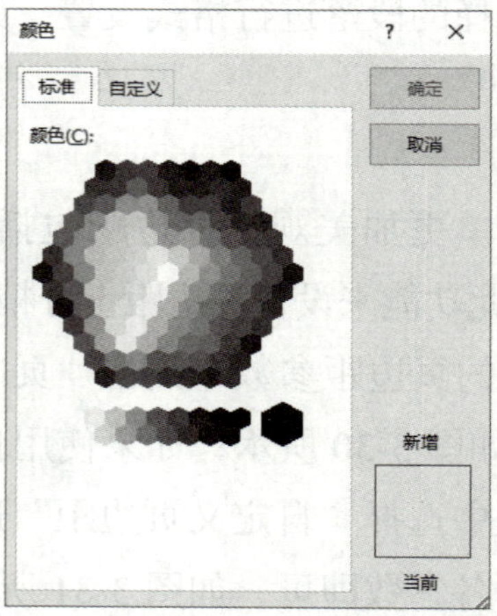

图 3-32 “颜色”对话框

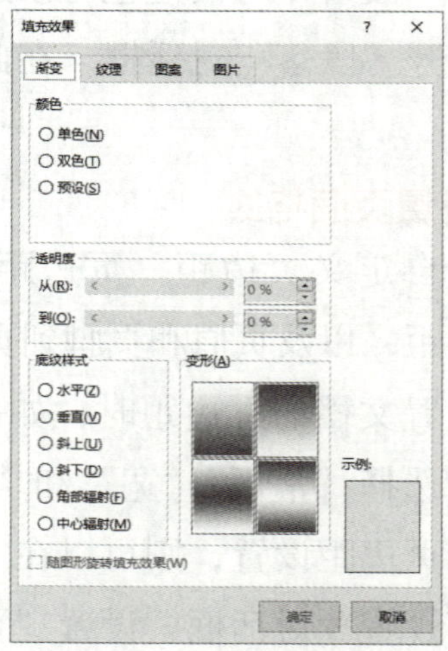

图 3-33 “填充效果”对话框

（3）页面边框设置。页面边框主要用于在 Word 文档中设置页面周围的边框，可以设置普通的线型页面边框，也可以设置各种图标样式的艺术型页面边框，从而使 Word 文档更富有表现力。

在设置页面边框时，不仅可以设置页面边框的线型、颜色和宽度，还可以在“艺术型”下拉列表框中选择艺术型的页面边框，如图 3-34 所示。平时添加的页面边框都是默认在页面之内的，但是如果想要将边框设置在页面的最外围，使其贴合纸张的边缘，则可以在“边框和底纹”对话框中单击“选项”按钮，弹出“边框和底纹”对话框，设置好页边距参数，如图 3-35 所示。

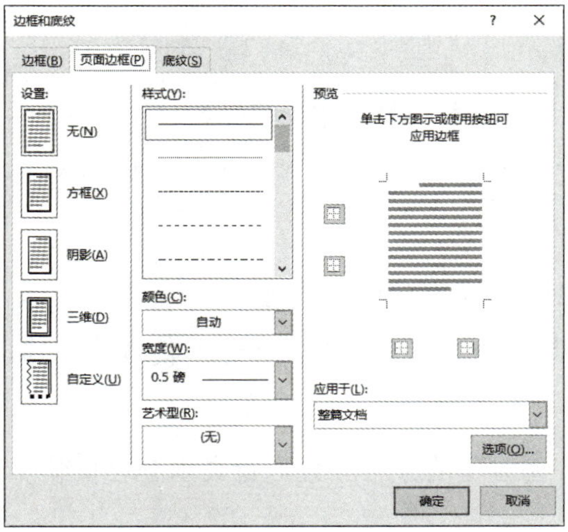

图 3-34 设置页面边框

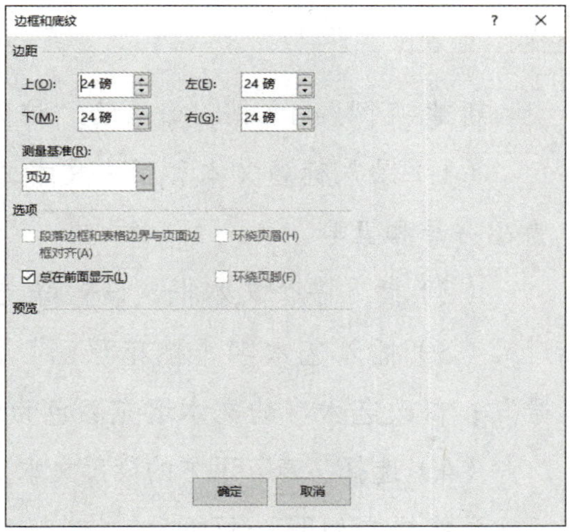

图 3-35 “边框和底纹”对话框

除了上面介绍的几种页面格式设置外，还可以设置纸张大小、纸张方向、文字方向、分栏效果、分隔符等更加详细的选项，可以切换到“布局”选项卡，在“页面设置”组中进行设置，如图 3-36 所示。

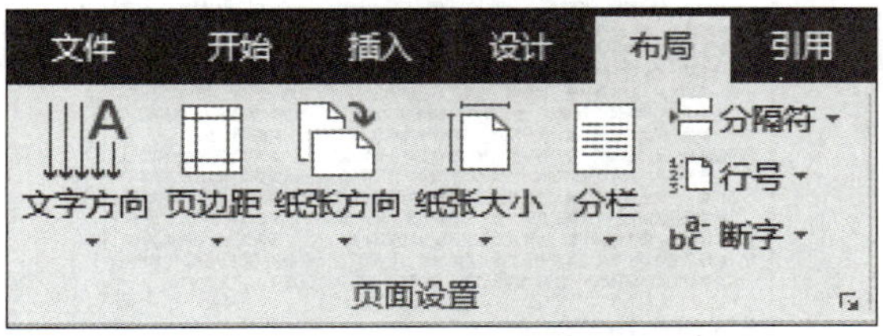

图 3-36 “布局”选项卡“页面设置”组

二、样式的应用

在编辑文档的过程中经常会遇到多个段落或多处文本具有相同格式的情况。例如，一篇论文中每一小节的标题都采用同样的字体、字号以及段落的前后间距等，如果一次又一次地对它们进行重复的格式化操作，既会增加工作量，又不易保证格式的一致性。利用 Word 提供的“样式”功能可以很好地解决这一问题。

Word 提供了许多现成的样式供用户选用，除此以外，也可以创建自定义样式。在“开始”选项卡的“样式”组中单击对话框启动器按钮，打开“样式”任务窗格，单击下方的“新建样式”按钮，弹出“根据格式化创建新样式”对话框，用户可在其中设置新样式，也可以修改已有样式的部分格式来创建文档需要的新样式。

实践体验

新建一个Word文档，命名为“校园散文”。具体排版要求如下：

（1）录入标题文本和正文文本，设置文本的字体格式为“宋体”，字号分别为小一号和五号。

（2）插入多个文本框，设置好文本框的填充颜色和轮廓颜色。

（3）插入艺术字“桃花源记”，修改其字体格式为“方正大黑简体”“二号”；修改艺术字的文本填充颜色为绿色。

（4）选择“春”下方的段落文本，使用“偏右”的分栏方式进行文本分栏操作。

最终样文如图3-37所示。

校园散文

XX 学校 宣传部
2020 年 4 月 10 日 星期五

散文欣赏

春

盼望着，盼望着，东风来了，春天的脚步近了。

一切都像刚睡醒的样子，欣欣然张开了眼。山朗润起来了，水涨起来了，太阳的脸红起来了。

小草偷偷地从土里钻出来，嫩嫩的，绿绿的。园子里，田野里，瞧去，一大片一大片满是的。坐着，躺着，打两个滚，踢几脚球，赛几趟跑，捉几回迷藏。风轻悄悄的，草软绵绵的。

桃树、杏树、梨树，你不让我，我不让你，都开满了花赶趟儿。红的像火，粉的像霞，白的像雪。花里带着甜味儿；闭了眼，树上仿佛已经满是桃儿、杏儿、梨儿。花下成千成百的蜜蜂嗡嗡地闹着，大小的蝴蝶飞来飞去。野花遍地是：杂样儿，有名字的，没名字的，散在草丛里，像眼睛，像星星，还眨呀眨的。

“吹面不寒杨柳风”，不错的，像母亲的手抚摸着你。风里带来些新翻的泥土的气息，混着青草味儿，还有各种花的香，都在微微润湿的空气里酝酿。鸟儿将巢安在繁花嫩叶当中，高兴起来了，呼朋引伴地卖弄清脆的喉咙，唱出宛转的曲子，与轻风流水应和着。牛背上牧童的短笛，这时候也成天嘹亮地响着。

雨是最寻常的，一下就是三两天。可别恼。看，像牛毛，像花针，像细丝，密密地斜织着，人家屋顶上全笼着一层薄烟。树叶儿却绿得发亮，小草儿也青得逼你的眼。傍晚时候，上灯了，一点点黄晕的光，烘托出一片安静而和平的夜。在乡下，小路上，石桥边，有撑起伞慢慢走着的人，地里还有工作的农民，披着蓑戴着笠。他们的房屋，稀稀疏疏的在雨里静默着。

天上风筝渐渐多了，地上孩子也多了。城里乡下，家家户户，老老小小，也赶趟儿似的，一个个都出来了。舒活舒活筋骨，抖擞抖擞精神，各做各的一份事去。“一年之计在于春”，刚起头儿，有的是工夫，有的是希望。

春天像刚落地的娃娃，从头到脚都是新的，它生长着。

春天像小姑娘，花枝招展的，笑着，走着。

春天像健壮的青年，有铁一般的胳膊和腰脚，领着我们上前去。

文言文欣赏 桃花源记

晋太元中，武陵人捕鱼为业。缘溪行，忘路之远近。忽逢桃花林，夹岸数百步，中无杂树，芳草鲜美，落英缤纷，渔人甚异之。复前行，欲穷其林。

林尽水源，便得一山，山有小口，仿佛若有光。便舍船，从口入。初极狭，才通人。复行数十步，豁然开朗。土地平旷，屋舍俨然，有良田美池桑竹之属。阡陌交通，鸡犬相闻。其中往来种作，男女衣着，悉如外人。黄发垂髫，并怡然自乐。

见渔人，乃大惊，问所从来。具答之。便要还家，设酒杀鸡作食。村中闻有此人，咸来问讯。自云先世避秦时乱，率妻子邑人来此绝境，不复出焉，遂与外人间隔。问今是何世，乃不知有汉，无论魏晋。此人一一为具言所闻，皆叹惋。余人各复延至其家，皆出酒食。停数日，辞去。此中人语云：“不足为外人道也。”（间隔 一作：隔绝）

既出，得其船，便扶向路，处处志之。及郡下，诣太守，说如此。太守即遣人随其往，寻向所志，遂迷，不复得路。

图 3-37 “校园散文”最终样文

任务三 制作表格

任务描述

本任务通过制作一份员工登记表讲解使用 Word 2016 制作表格的方法以及表格格式的设置方法。员工登记表样文效果如图 3-38 所示。

姓名		性别		年龄		婚姻状况		学历	
身份证号			联系方式						
地址									
紧急联系人	姓名		关系			联系电话			
紧急联系人地址									
业余爱好									

图 3-38　员工登记表样文效果

任务提示

实现本任务首先要进行表格的创建操作，最后进行表格的编辑操作，从而学会制作面试表、计划表等日常办公表格。要完成本项工作任务，需要进行以下操作：

（1）快速插入表格。

（2）设置表格的行高和列宽。

（3）合并表格。

（4）为表格设置样式、边框和底纹。

任务完成

1. 快速插入表格

步骤 01：将光标定位在需要插入表格的位置，在“插入”选项卡的“表格”组中单击“表格”按钮，在打开的下拉列表中选择“插入表格”选项，如图 3-39 所示。

步骤 02：弹出“插入表格”对话框，在“列数”和“行数”微调框中设置表格的行数和列数，单击“确定”按钮，如图 3-40 所示。

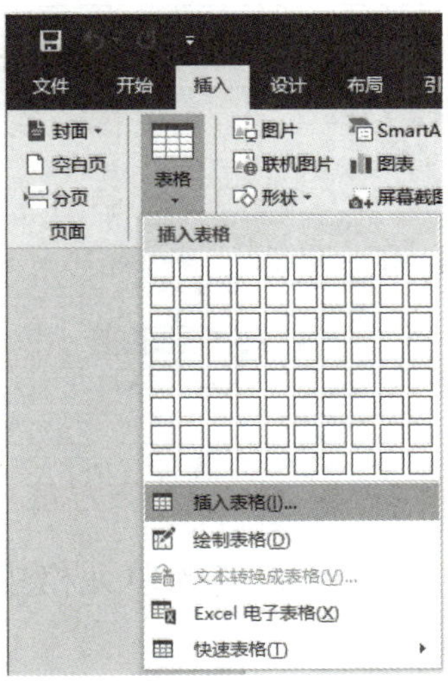

图 3-39　选择“插入表格”选项

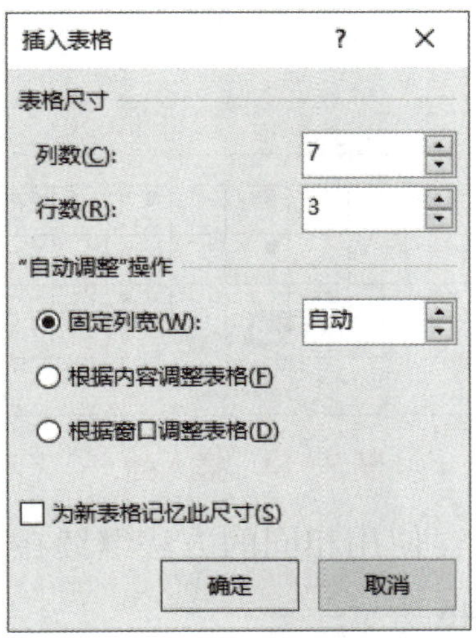

图 3-40　设置参数值

步骤 03：完成表格的插入操作，其效果如图 3-41 所示。

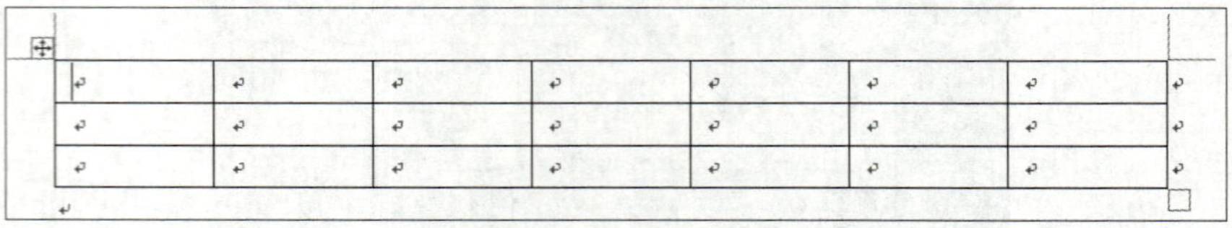

图 3-41　插入表格

2. 设置表格的“行列”

步骤 01：依次在表格输入员工信息文本，如图 3-42 所示。

步骤 02：将鼠标移到要插入列的相邻列上方，当鼠标指针变为⬇形状时右击，在弹出的快捷菜单中选择“插入”→“在右侧插入列”命令，如图 3-43 所示。

视频
制作表格 1

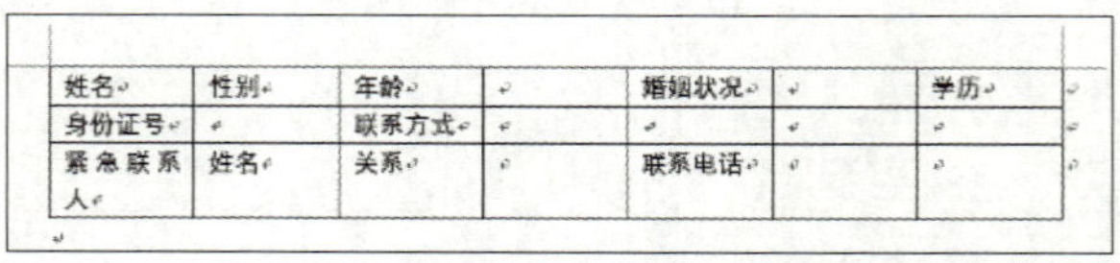

图 3-42　输入员工信息文本

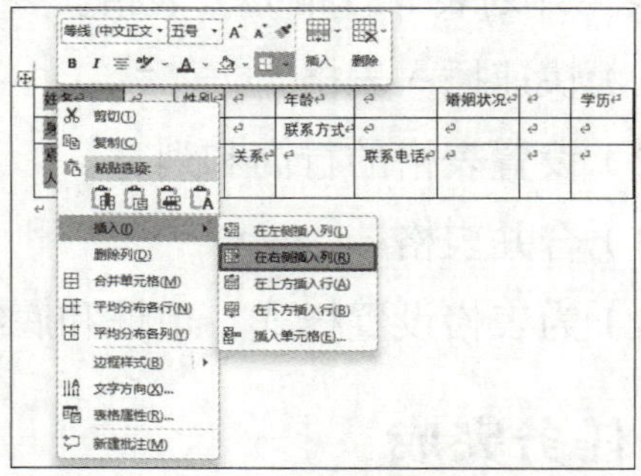

图 3-43　选择“在右侧插入列”命令

步骤 03：使用相同的方法继续在右侧插入列，然后在单元格中移动相应的文本，如图 3-44 所示。

步骤 04：将鼠标移到要插入行的相邻行上方，右击，在弹出的快捷菜单中选择“插入”→“在下方插入行”命令，如图 3-45 所示。

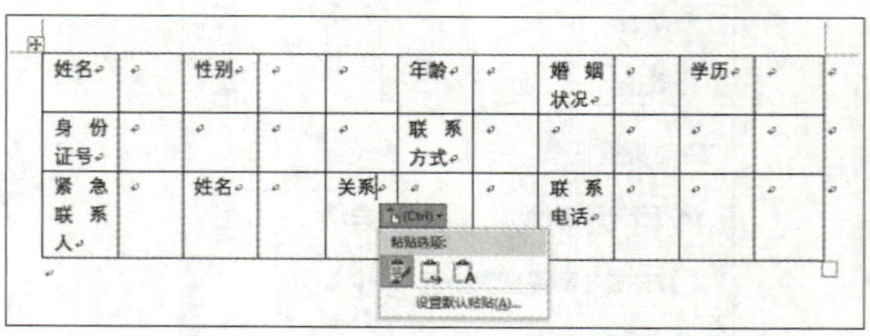

图 3-44　插入列

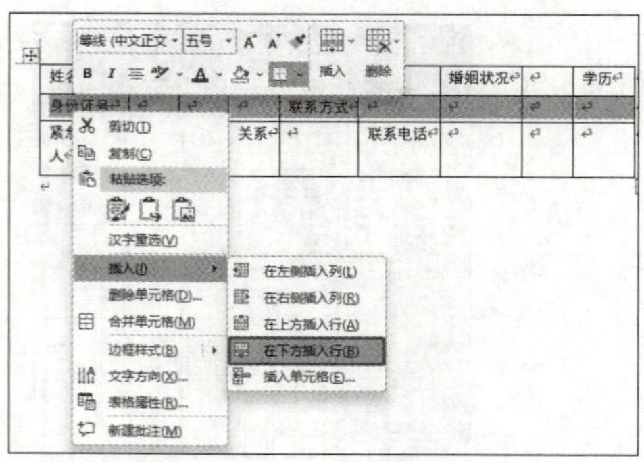

图 3-45　选择“在下方插入行”命令

步骤 05：使用相同的方法继续在下方插入行，然后在相应的单元格中输入文本内容，如图 3-46 所示。

步骤 06：选中要合并的单元格，右击，在弹出的快捷菜单中选择“合并单元格”

命令，如图 3-47 所示。

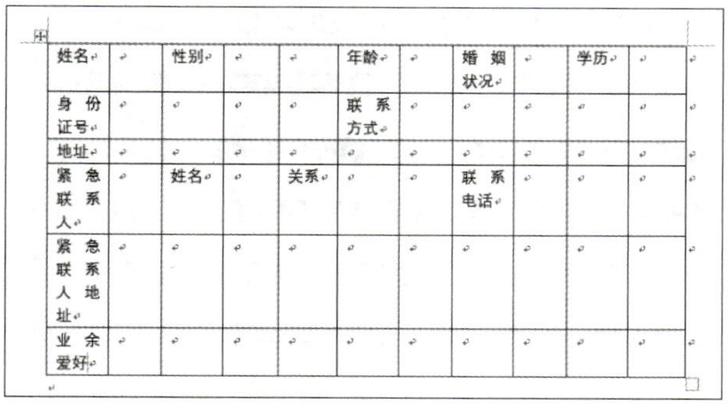

图 3-46　插入行

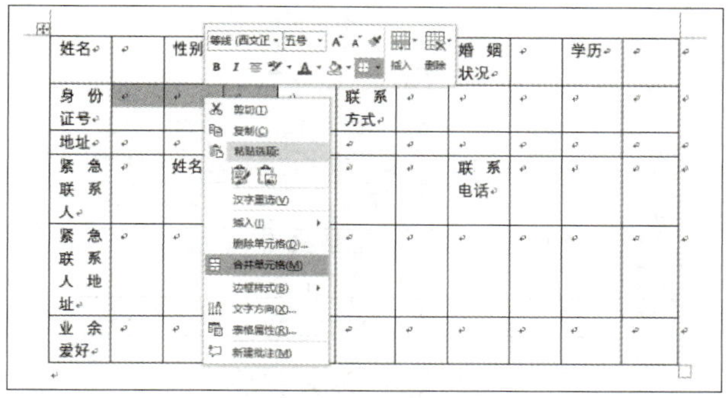

图 3-47　选择“合并单元格”命令

步骤 07：这样即可将选择的单元格进行合并操作，如图 3-48 所示。

步骤 08：使用相同的方法合并表格中的其他单元格，如图 3-49 所示。

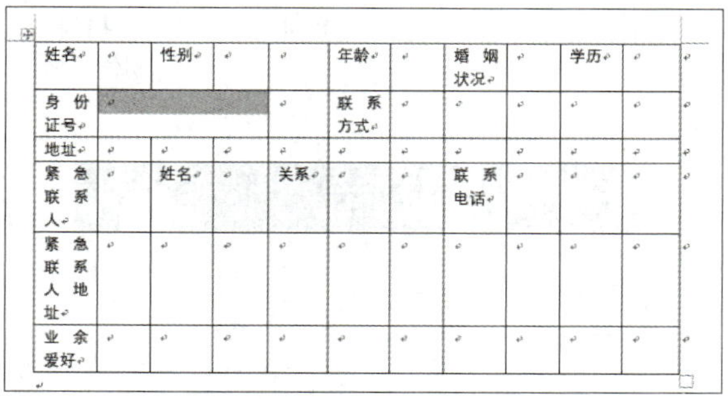

图 3-48　合并单元格

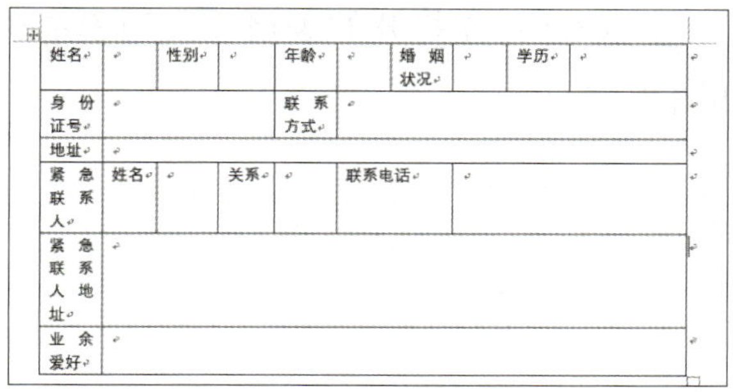

图 3-49　合并其他单元格

步骤 09：单击表格右下角的小方块选中整个表格，按住鼠标左键不放，鼠标指针变为↖形状，拖动鼠标从整体上调整表格的行高，完成后释放鼠标左键即可，如图 3-50 所示。

步骤 10：将鼠标指针移动到要调整的单元格的列边线上，此时鼠标指针变为双向箭头形状，按住鼠标左键不放，拖动调整单元格的列宽，如图 3-51 所示。

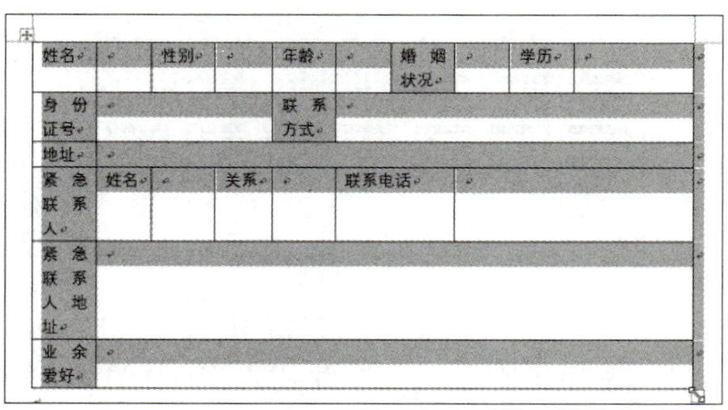

图 3-50　调整行高

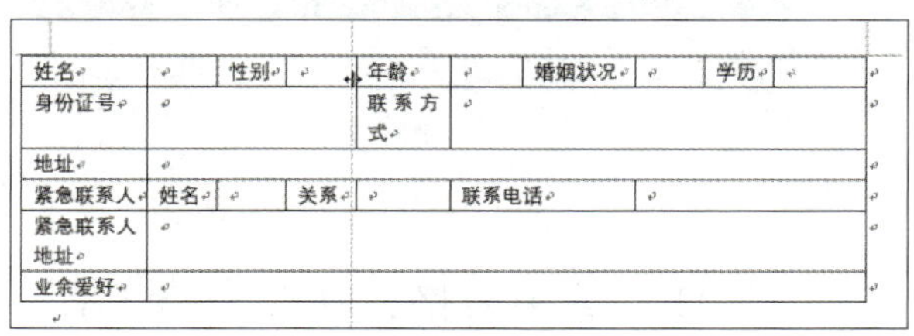

图 3-51　调整列宽

步骤 11：使用相同的方法调整其他单元格的列宽，如图 3-52 所示。

步骤 12：单击表格左上方的图标选中整个表格，在“表格工具 - 布局”选项卡的“布局”组中的“表格行高”数值框中输入数值，为表格设置固定行高，表格效果如图 3-53 所示。

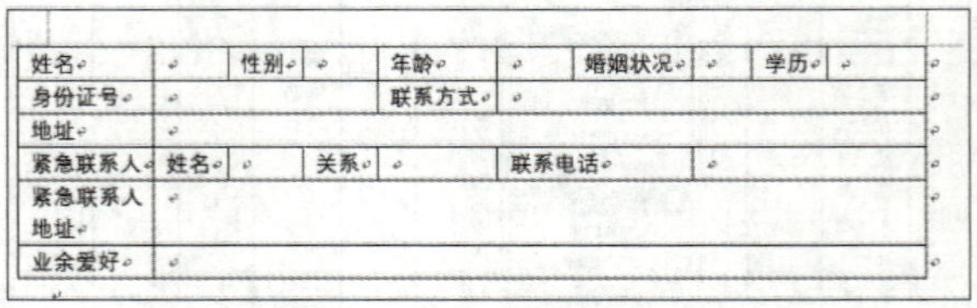

图 3-52　调整其他列宽

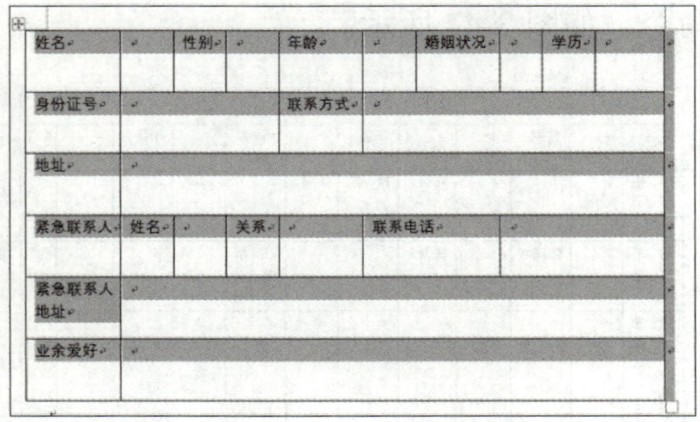

图 3-53　设置固定行高的效果

3. 应用“表格样式”设置

视频
制作表格 2

步骤 01：选中表格，在“表格工具 - 设计”选项卡的“表格样式”组中单击“其他”按钮，如图 3-54 所示。

步骤 02：在打开的表格样式列表中选择“网格表 5- 着色 5”选项，如图 3-55 所示。

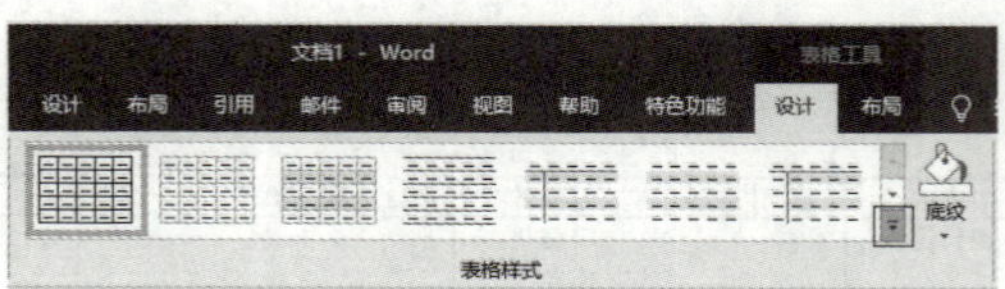

图 3-54　单击“其他”按钮

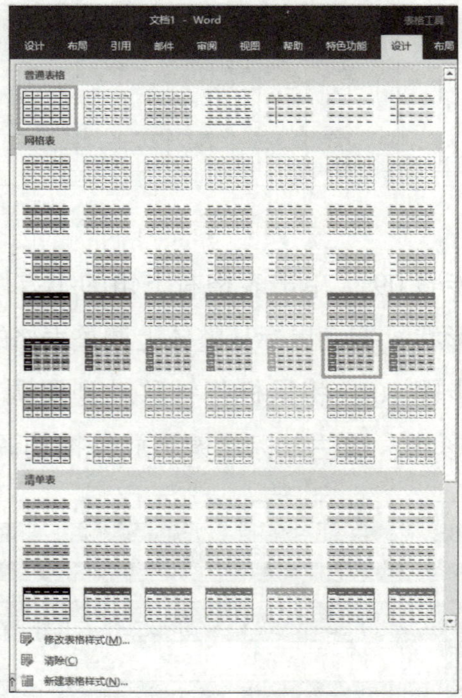

图 3-55　选择表格样式

步骤 03：选中表格，在“表格工具 - 布局”选项卡的“对齐方式”组中单击“水平居中”按钮，如图 3-56 所示。

完成操作后，可以看到文档表格中的文本对齐方式发生了改变，文档效果见图 3-38。

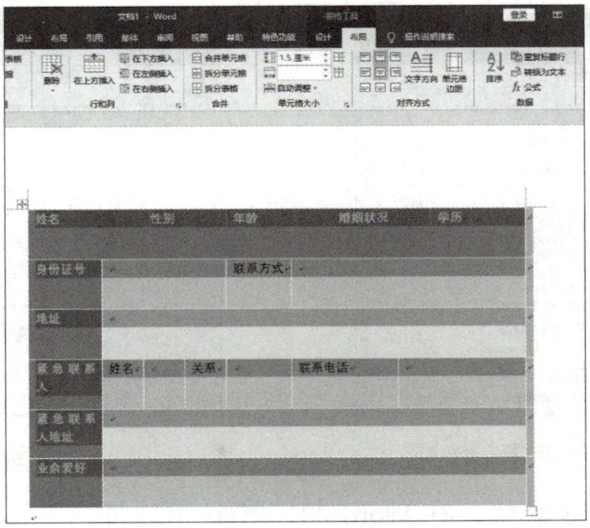

图 3-56 单击“水平居中”按钮

必备知识

一、表格的创建及表格格式的设置

1. 表格的创建

表格由水平的行和垂直的列组成，行与列交叉形成的方框称为单元格。Word 2016 提供了多种创建表格的方法，如可以通过选择需要的行数和列数来插入表格，还可拖动鼠标绘制表格。

（1）使用网格创建表格。在创建表格对象时，在“表格”下拉列表中拖动鼠标选择表格网格，如图 3-57 所示，选择好网格后单击，即可将表格插入文档中。通过选择网格创建出的表格能够自动平均分布各列和各行，用户可以根据需要自行调整行高、列宽以及边框和底纹等其他格式。

（2）使用“插入表格”对话框创建表格。将光标定位到要插入表格的位置，然后在“表格”下拉列表中选择“插入表格”选项，弹出“插入表格”对话框，在“列数”和“行数”数值框中输入参数即可。

（3）绘制表格。除了以上介绍的两种插入表格的方法外，用户还可以自己动手绘制表格。使用 Word 2016 提供的绘制工具绘制表格就像用笔在纸上绘图一样，如果绘制错了，还可以用橡皮擦除。绘制表格的具体方法：在“插入”选项卡的“表格”组中单击“表格”下拉按钮，弹出下拉列表，选择“绘制表格”选项，如图 3-58 所示，此时鼠标指针呈铅笔形状，在文档空白处按住鼠标左键，向右下方拖动鼠标绘制表格的外边框，然后释放鼠标左键，虚线变成实线，即可完成表格的绘制。

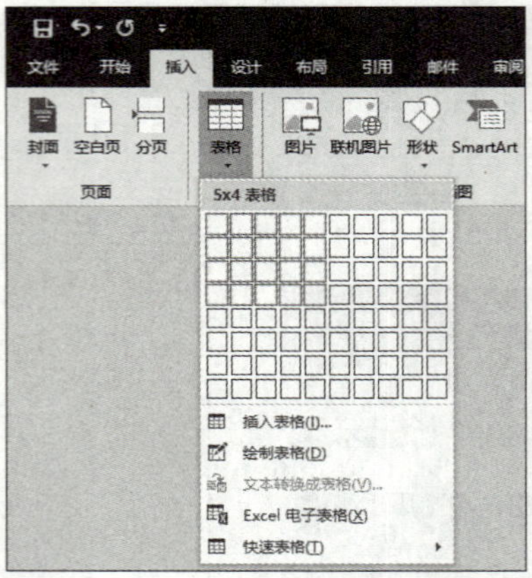

图 3-57　选择表格网格

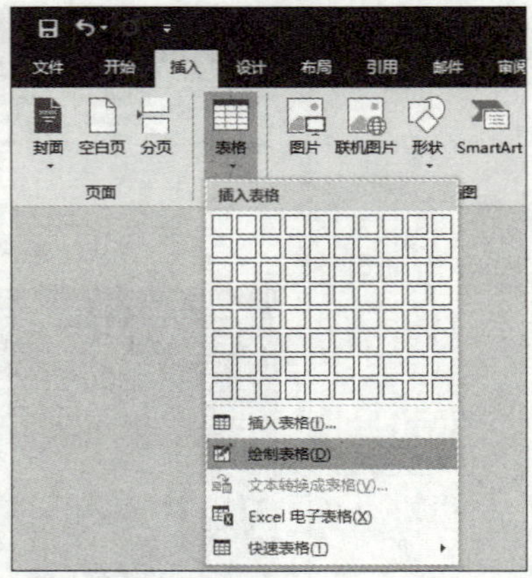

图 3-58　选择“绘制表格”选项

（4）插入 Excel 电子表格。在 Word 2016 中还可以插入 Excel 表格，并且可以像在 Excel 中一样进行比较复杂的数据运算和处理。插入 Excel 电子表格的具体方法：在“插入”选项卡的“表格”组中单击“表格”下拉按钮，弹出下拉列表，选择“Excel 电子表格”选项，如图 3-59 所示，将进入 Excel 电子表格编辑状态，然后在电子表格以外的区域单击，可以返回到 Word 文档编辑状态，完成 Excel 表格的插入操作。

（5）插入快速表格。在 Word 2016 中内置了多种格式的表格，用户可以使用“快速表格”功能快速插入表格。插入快速表格的具体方法：在“插入”选项卡的“表格”组中单击“表格”下拉按钮，弹出下拉列表，选择“快速表格”选项，再次弹出下拉列表，选择表格样式，即可插入快速表格，如图 3-60 所示。

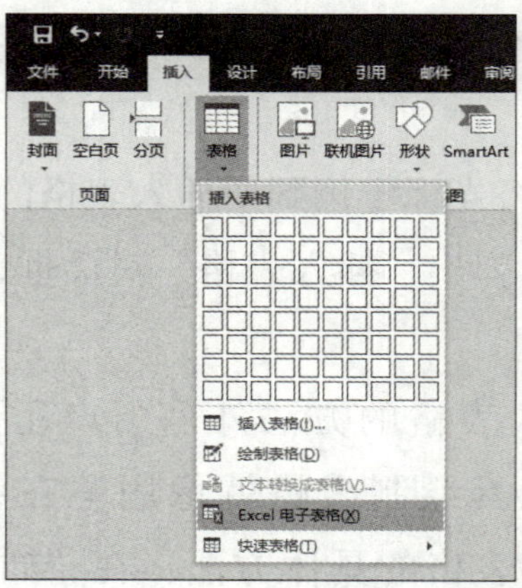

图 3-59　选择“Excel 电子表格”选项

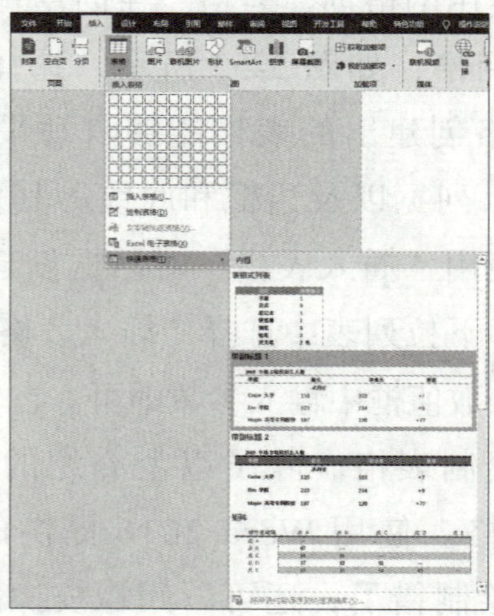

图 3-60　选择表格样式

2. 表格格式的设置

（1）自动套用表格样式。用户可以将已经定义好的表格样式应用到表格中，用于定义表格的外观。在“表格工具 - 设计”选项卡的“表格样式”组中单击“表格样式”

下拉按钮，弹出已有的表格样式列表，选择其中的一种即可。

（2）自定义表格样式。如果“表格样式”下拉列表中提供的样式不能满足要求，可以自定义表格样式。在“表格样式”下拉列表中选择“新建表样式”选项，弹出“根据格式化创建新样式”对话框，在该对话框中进行自定义样式设置，完成设置后单击“确定”按钮，则会在“表格样式”下拉列表中添加自定义的样式，以供用户使用。

（3）边框和底纹。用户可为表格添加漂亮的颜色、边框类型等外观效果。选择要进行边框设置的单元格，先在“表格工具 - 设计”选项卡的“边框”组中选择边框的线型、粗细、颜色，然后选择合适的框线。单击“底纹”下拉按钮可以设置底纹。用户也可以在“边框”组中单击对话框启动器按钮，弹出“边框和底纹”对话框，在“边框”选项卡中可以设置边框，在“底纹”选项卡中可以设置底纹。

二、文本和表格的互相转换

测试题

文本和表格各有所长，但也各有所短，其应用范围也有所不同。对于同一内容，有时需要用表格来表示，有时则需要用文本来表示。因此，为了使数据的处理和编辑更加方便，Word 2016 提供了支持文本和表格之间互相转换的功能。

（1）将表格转换为文本。如果需要将表格转换成文本，则可以使用 Word 2016 提供的“表格转换为文本”命令，将表格中的内容转换成普通的段落文本，并将各单元格的内容在转换后用段落标记、逗号、制表符或指定的字符隔开。其具体操作方法：选择要转换为文本的表格对象，在“表格工具 - 布局”选项卡的“数据”组中单击“转换为文本”按钮，弹出“表格转换成文本”对话框，如图 3-61 所示，设置所需要的文字分隔符。

（2）将文本转换为表格。对于 Word 文档中的文本，用户也可以使用“文本转换成表格”命令将文本转换为表格。与将表格转换为文本不同，将文本转换为表格前必须对要转换的文本进行格式化，文本中的每一行之间要用段落标记符隔开，每一列之间要用分隔符隔开，列之间的分隔符可以是逗号、空格、制表符等。其具体操作方法：选择要转换为表格的文本对象，在“插入”选项卡的“表格”组中单击“表格”下拉按钮，弹出下拉列表，选择“文本转换成表格”选项，弹出“将文字转换成表格”对话框，设置表格尺寸、文字分隔位置等参数，如图 3-62 所示，再单击“确定”按钮即可。

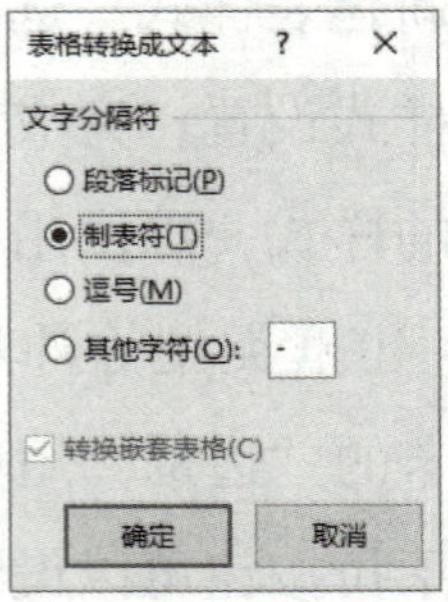

图 3-61 “表格转换成文本”对话框

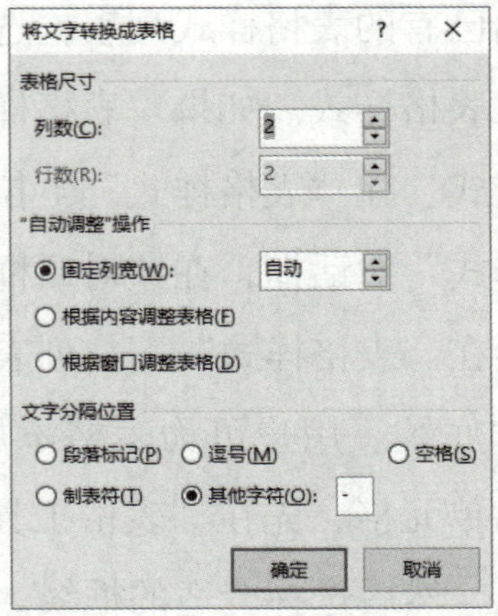

图 3-62 “将文字转换成表格”对话框

实践体验

新建一个Word 2016文档，命名为“设厂计划”。具体制作要求如下：

（1）创建表格对象：在文档中创建一个列数为13、行数为21的表格对象。

（2）输入标题文本，将文本的字体格式设置为“微软雅黑”“小二”，加粗。

（3）对单元格进行合并操作。

（4）在表格中输入文本：设置表格文本的字体格式为“微软雅黑”“五号”，加粗。

（5）设置表格行高与列宽。

（6）设置对齐方式：将表格文本设置为水平居中对齐。

（7）设置表格边框：将表格的边框颜色设置为黑色，边框宽度设置为1磅。

最终样文如图3-63所示。

设 厂 计 划

类别	需要设备或过程	规格	用量	输送损耗	供应量	管线长度			供应量			
						起	讫	长度	1	2	3	4

图 3-63 “设厂计划”最终样文

任务四 绘制图形

任务描述

公司组织结构图通过形状和 SmartArt 图形来展示公司的行政机构与管理体系，是让新员工或客户快速了解公司相关组织人事最好的方法之一。这里要使用 SmartArt 图形制作出项目组织结构图。公司组织结构图的样文如图 3-64 所示。

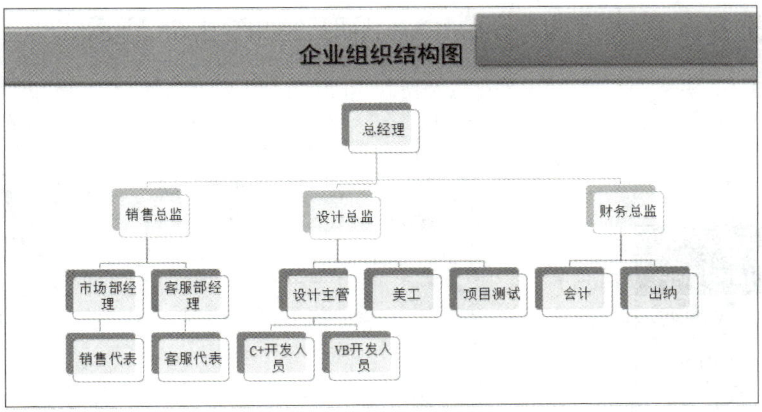

图 3-64 公司组织结构图的样文

任务提示

完成本任务首先要新建一个空白文档，然后设置文档的页边距，再使用“形状”和 SmartArt 功能制作添加各种图形效果，从而学会制作组织结构图、流程图等日常办公文档。要完成本任务，需要进行以下操作：

（1）新建空白文档，将其保存为“公司组织结构图 .docx”。

（2）设置页边距：将纸张方向设置为“横向”，将页边距中的上、下参数设置为 3.17 cm，左、右参数设置为 2.54 cm。

（3）插入 SmartArt 图形：插入“层次结构图”SmartArt 图形，设置 SmartArt 图形的颜色为“彩色范围 - 个性色 3 至 4”，SmartArt 图形样式为“强烈效果”。

（4）插入形状：在文档中插入两个矩形形状，然后依次设置形状的填充颜色、轮廓颜色和形状效果。

任务完成

1. 使用 SmartArt 图形制作结构图

视频
绘制图形 1

步骤 01：启动 Word 2016，系统默认建立一个以“文档1”为文件名的文档。执行“文件”→“保存”命令，弹出“另存为”对话框。设置好保存路径，并修改“文件名”为“公司组织结构图”，最后单击“保存”按钮。

步骤 02：在“布局”选项卡的“页面设置”组中单击“纸张方向”下拉按钮，弹出下拉列表，选择“横向”选项，完成纸张方向的设置。

步骤 03：在“插入”选项卡的“插图”组中单击“SmartArt”按钮，如图 3-65 所示。

步骤 04：弹出“选择 SmartArt 图形”对话框，在左侧列表中选择“层次结构”选项，在中间的界面中选择“层次结构”SmartArt 图形，如图 3-66 所示。

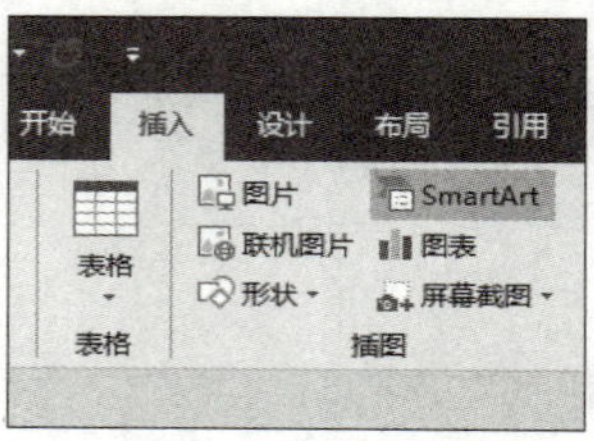

图 3-65　单击“SmartArt”按钮

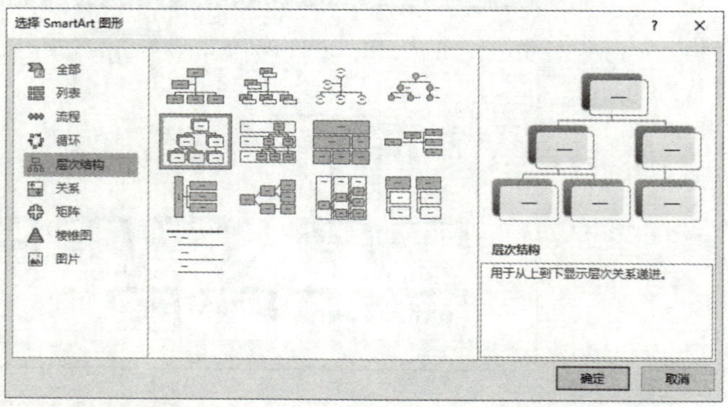

图 3-66　选择 SmartArt 图形

步骤 05：单击“确定”按钮，即可插入 SmartArt 图形。选择新插入的 SmartArt 图形，在“开始”选项卡的“段落”组中单击“居中”按钮，将 SmartArt 图形居中显示，并调整 SmartArt 图形的大小。

步骤 06：在 SmartArt 图形中选择最上方的形状，在“SmartArt 工具 - 设计”选项卡的“创建图形”组中单击“添加形状”下拉按钮，弹出下拉列表，选择“在下方添加形状”选项，如图 3-67 所示。

步骤 07：使用同样的方法，在 SmartArt 图形中依次添加其他形状。在“SmartArt 工具 - 设计”选项卡的“创建图形”组中单击“文本窗格”按钮，弹出“文本窗格”对话框，依次输入对应的文本即可，如图 3-68 所示。

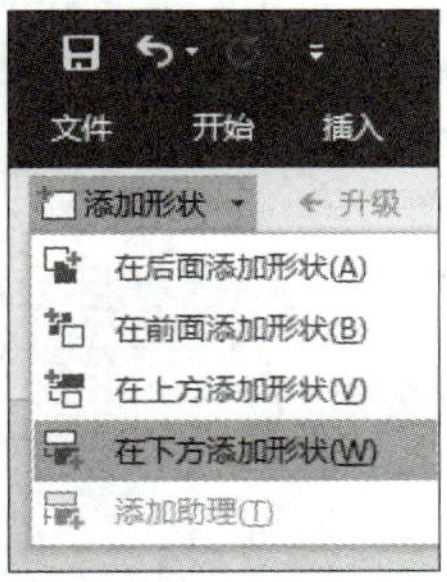

图 3-67　选择“在下方添加形状”选项

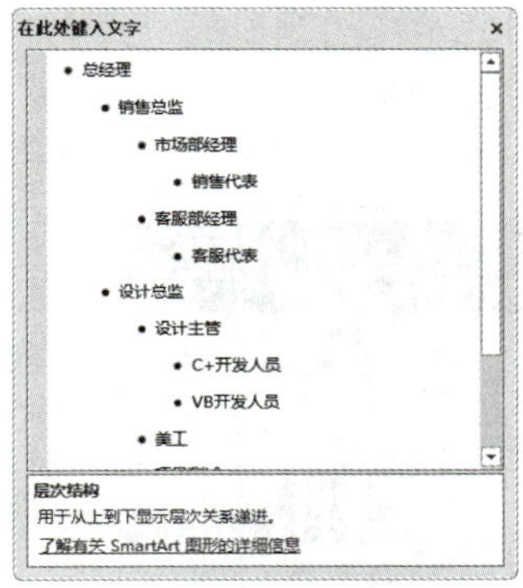

图 3-68　输入对应的文本

2. 插入形状，完善结构图

步骤 01：在“插入”选项卡的“插图”组中单击“形状”下拉按钮，弹出下拉列表，选择“矩形”形状，如图 3-69 所示。

视频
绘制图形 2

步骤 02：当鼠标指针呈黑色十字形状时，按住鼠标左键并拖曳，绘制一个矩形形状，并在“绘图工具 - 格式”选项卡的“大小”组中设置形状高度为 2.3 cm、形状宽度为 30 cm。

步骤 03：在“绘图工具 - 格式”选项卡的“形状样式”组中单击“形状填充”下拉按钮，弹出下拉列表，选择“蓝色，个性色 1，淡色 40%”选项，如图 3-70 所示，即可更改形状填充颜色。

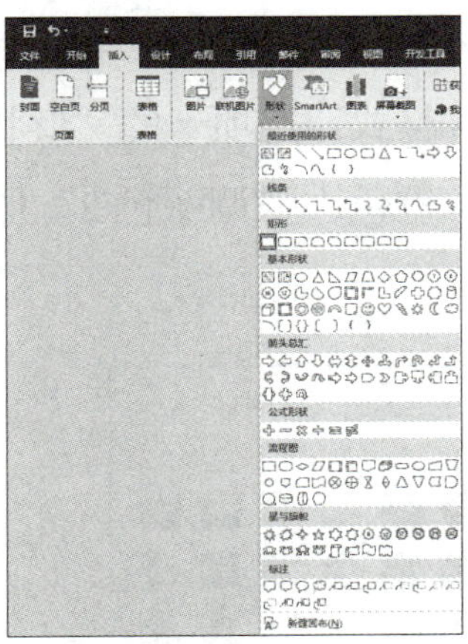

图 3-69　选择“矩形”形状

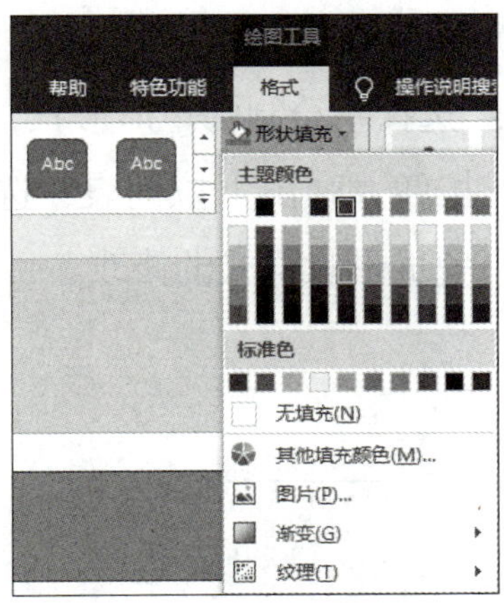

图 3-70　选择填充颜色

步骤 04：在“绘图工具 - 格式”选项卡的“形状样式”组中单击“形状轮廓”下拉按钮，弹出下拉列表，选择“蓝色，个性色 1，淡色 40%”选项，如图 3-71 所示，即可更改形状轮廓颜色。

步骤 05：在“绘图工具 - 格式”选项卡的“形状样式”组中单击“形状效果”下拉按钮，弹出下拉列表，选择“棱台”选项，再次弹出下拉列表，选择“圆形”棱台样式，如图 3-72 所示。

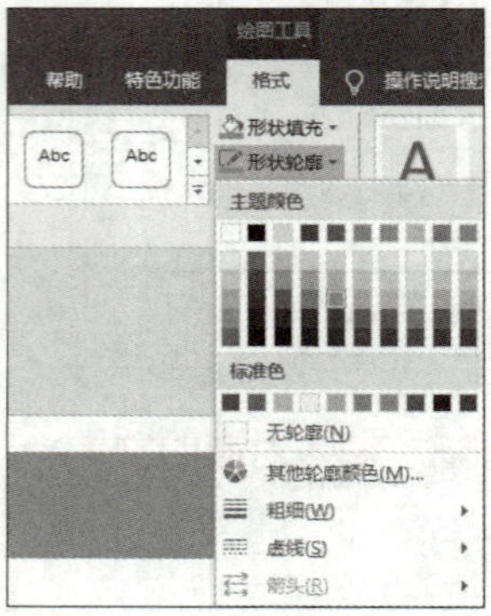

图 3-71　选择轮廓颜色

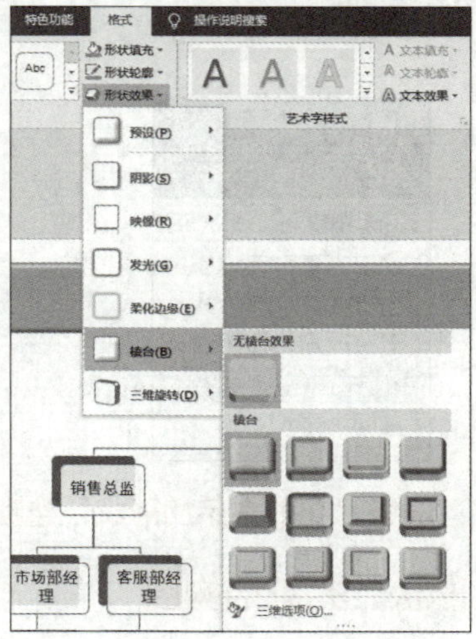

图 3-72　选择“圆形”棱台样式

步骤 06：右击新添加的矩形形状，在弹出的快捷菜单中选择“添加文字”命令，如图 3-73 所示。

步骤 07：在矩形形状中输入文本，然后设置文本的字体格式为“黑体”“一号”，并设置字体颜色为黑色。

步骤 08：在“插入”选项卡的“插图”组中单击“形状”下拉按钮，弹出下拉列表，选择“矩形”形状，当鼠标指针呈黑色十字形状时，按住鼠标左键并拖曳，绘制一个矩形形状，并在“绘图工具 - 格式”选项卡的“大小”组中设置形状高度为 2 cm、形状宽度为 11 cm。

步骤 09：选择新绘制的矩形形状，在“绘图工具 - 格式”选项卡的“形状样式”组中单击“其他”按钮，弹出下拉列表，选择“强烈效果 - 橙色，强调颜色 2”形状样式，如图 3-74 所示，完成形状样式的修改。

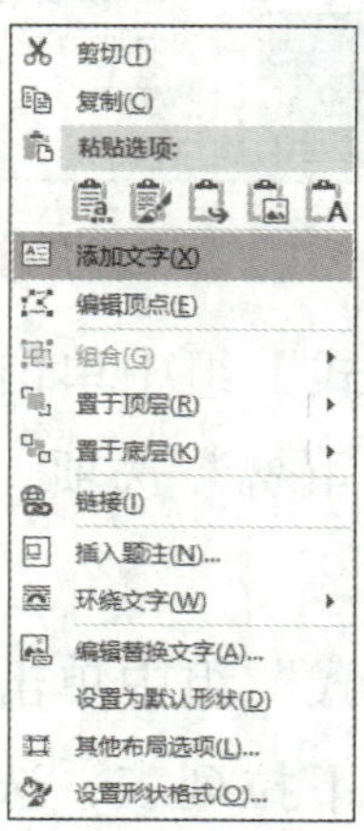

图 3-73　选择“添加文字”选项

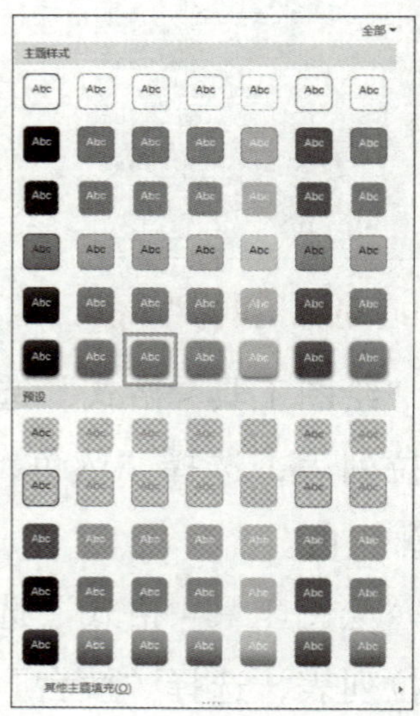

图 3-74　选择形状样式

3. 美化组织结构图

视频
绘制图形 3

步骤 01：选择 SmartArt 图形对象，在“SmartArt 工具 - 设计”选项卡的“SmartArt 样式”组中单击“更改颜色”下拉按钮，弹出下拉列表，选择“彩色范围 - 个性色 3 至 4”选项，如图 3-75 所示，即可更改 SmartArt 图形的颜色。

步骤 02：在“SmartArt 工具 - 设计”选项卡的“SmartArt 样式”组中单击“其他”按钮，弹出下拉列表，选择“强烈效果”样式，如图 3-76 所示，即可更改 SmartArt 图形的样式。

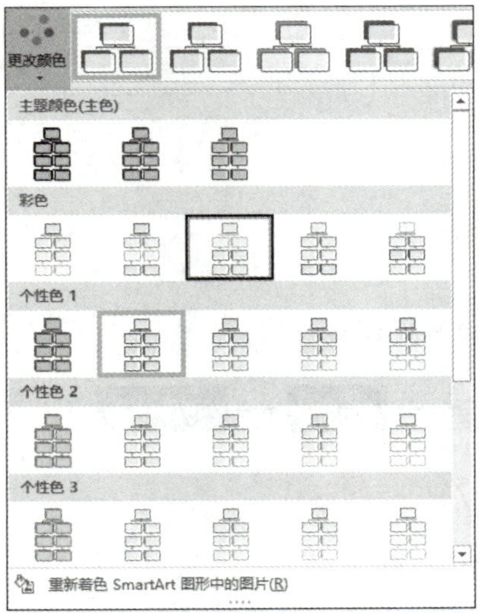

图 3-75　选择颜色

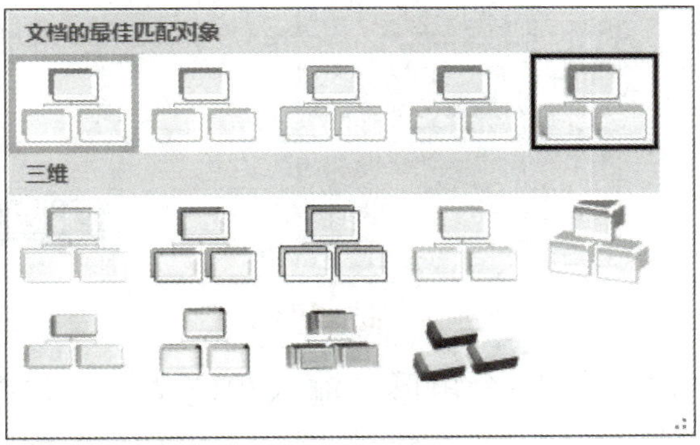

图 3-76　选择“强烈效果”样式

步骤 03：选择 SmartArt 图形对象，在“开始”选项卡的“字体”组中设置字体格式为“宋体”“16”，得到最终的文档效果，并保存文档。

必备知识

一、绘制简单图形

Word 提供了丰富的形状（如矩形、圆形、三角形等），用户可使用它们自己绘制图形，如图 3-77 所示。

绘制图 3-78 所示图形的方法如下：

（1）切换到“插入”选项卡，在“插图”组中单击“形状”下拉按钮，在弹出的下拉列表中选择“矩形”形状。

（2）在“文本”组中单击“文本框”下拉按钮，在弹出的下拉列表中选择“简单文本框”选项，输入“软件工程简要步骤”，将文本格式设置为加粗、四号，调整文本框大小和位置。

（3）选中文本框，切换到“绘图工具 - 格式”选项卡，在“形状样式”组中单击“形状轮廓”下拉按钮，在弹出的下拉列表中选择“无轮廓”选项。此操作将去除文本框的边框。

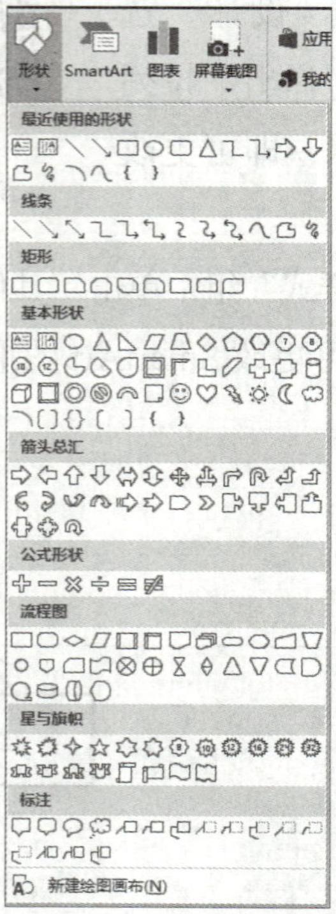

图 3-77　Word 中提供的图形形状

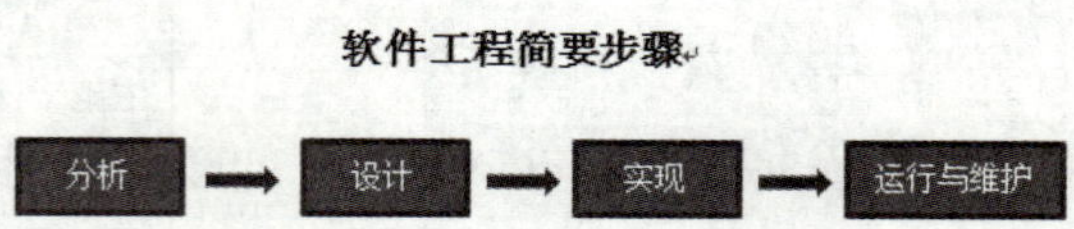

图 3-78　绘制形状

（4）插入四个矩形，输入相应文本，并调整大小和位置。

（5）插入三个右箭头，调整大小和位置。

二、插入数学公式和特殊符号

1. 插入数学公式

Word 2016 提供了多种常用的内置公式供用户直接插入文档中，用户还可以根据需要编辑公式，具体操作如下：

（1）在“插入”选项卡的“符号”组中单击“公式”下拉按钮，在弹出的下拉列表中选择所需公式即可，如图 3-79 所示。

（2）如果需要创建公式，则选择内置公式列表下方的“插入新公式”选项，在文档中创建一个空白公式框架，然后通过键盘和“公式工具 - 设计”选项卡中的“符号”组输入公式内容，如图 3-80 所示。

2. 插入特殊符号

在创建文本时，随时会遇到使用键盘无法输入的特殊字符。例如，专业的数学符号、汉语拼音等，这时就可以使用 Word 提供的插入符号功能。在“插入”选项卡的“符号”组中单击“符号”下拉按钮，在弹出的下拉列表中选择“其他符号”选项，弹出“符号”对话框，从中选择需要的符号，然后单击“插入”按钮即可。如果需要插入特殊符号，可以在“符号”对话框中切换到“特殊字符”选项卡，在“字符”列表框中选择需要的特殊字符，然后单击“插入”按钮即可。

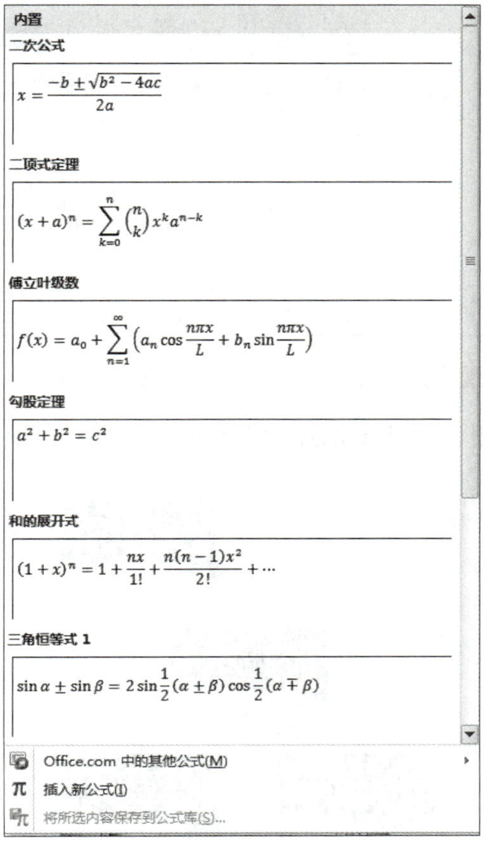

图 3-79　内置公式列表

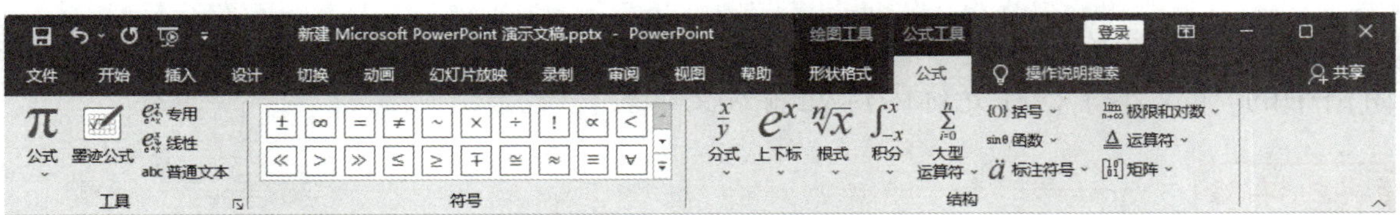

图 3-80　“公式工具 - 设计”选项卡

三、绘制示意图和结构图

SmartArt 图形包括列表、流程、循环、层次结构、关系、矩阵和棱锥图等，使用 SmartArt 图形可以绘制示意图和结构图。Word 2016 提供了多种样式的 SmartArt 图形，用户可根据需要选择适当的样式插入文档，操作方法如下：

（1）将插入点定位在需要插入 SmartArt 图形的位置，在“插入”选项卡的“插图”组中单击“SmartArt”按钮。

（2）在弹出的“选择 SmartArt 图形”对话框中选择所需的布局样式，如图 3-81 所示。

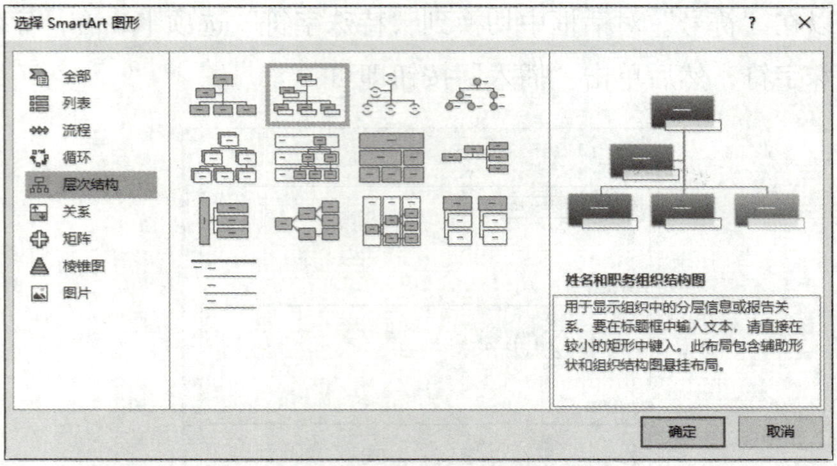

图 3-81 “选择 SmartArt 图形”对话框

（3）单击“确定”按钮，将 SmartArt 图形插入文档，如图 3-82 所示。

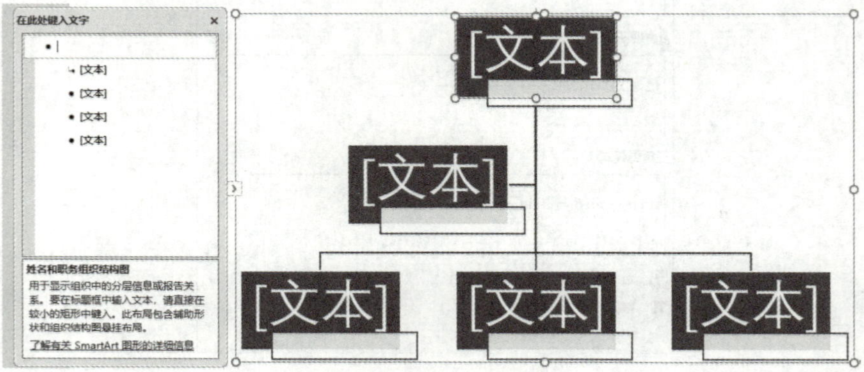

图 3-82 插入 SmartArt 图形

（4）单击 SmartArt 图形中的一个形状，在光标闪烁处输入文本；或者单击左侧文本窗格中的“[文本]”，在光标闪烁处输入文本。

实践体验

新建一个Word 2016文档，命名为“员工入职程序”。具体制作要求如下：

（1）使用“矩形”形状：在文档中插入多个矩形形状，并设置矩形形状的填充颜色。

（2）使用“直线”形状：在文档中按住Shift键的同时，按住鼠标左键并拖曳，绘制水平和垂直直线。

（3）使用“直线箭头”形状：在文档中插入多个直线箭头形状。

（4）使用SmartArt功能：在文档中插入“水平多层层次结构”和“表层次结构”SmartArt图形，并在SmartArt图形中添加与删除形状。

（5）选择所有的形状和SmartArt图形，使用“组合”功能组合图形。

（6）使用“添加文字”功能：在图形中添加文字，并设置文字的字体格式。最终样文如图3-83所示。

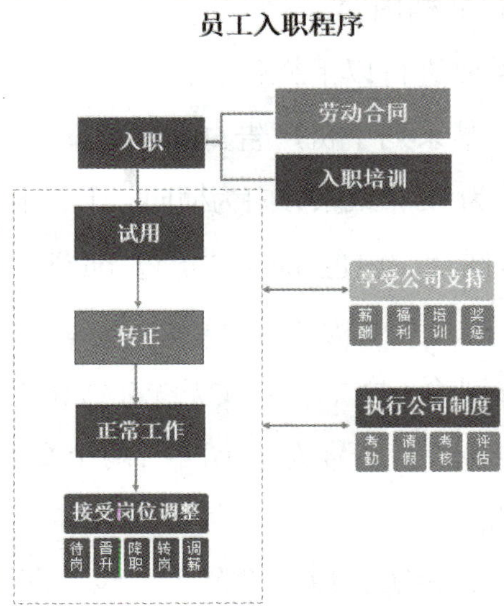

图 3-83 “员工入职程序”最终样文

任务五 编排图文

任务描述

某手机连锁销售公司要为刚上市的某系列手机进行销售宣传，要求市场部制作销售广告页。市场部制作的广告页效果图如图 3-84 所示。

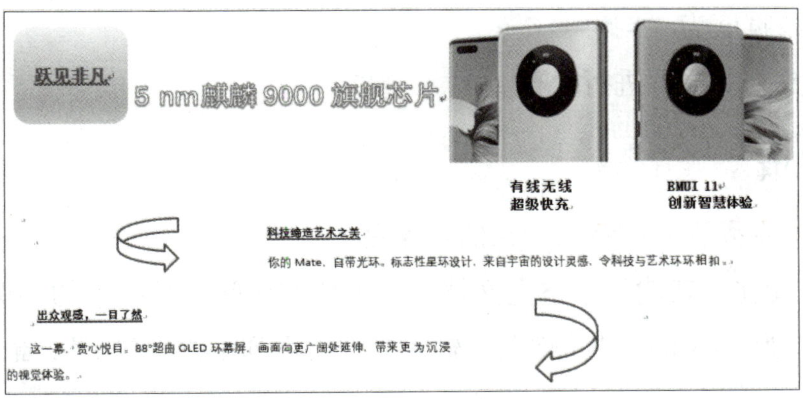

图 3-84 广告页效果图

任务提示

在文档排版过程中，适当地插入一些图形、图片和艺术字不仅会使文章显得生动有趣，还能帮助读者更好地理解文档内容。

要完成本项工作任务，需要进行以下操作：

（1）新建文档，命名为“某系列手机广告页 .docx”。

（2）页面设置，纸张大小为 B5，纸张方向为横向，上、下、左、右页边距均为 0.5 cm。

（3）在文档首行依次插入图片“白色 .png”“黄色 .png”，图片的环绕方式均为嵌入式，右对齐。

（4）插入两个文本框，分别输入文本“有线无线超级快充”“EMUI 11 创新智慧体验”，文本设置为加粗，字体为“宋体”，字号为“小四”；两个文本框均无填充颜色，无轮廓，依次放在首行的两张图片下面。

（5）插入一个圆角矩形，无轮廓，填充颜色为“浅色渐变色，个性色 5”，矩形放置在左上角。在圆角矩形中输入文本“跃见非凡”，字体为“黑体”，字号为“三号”，加粗显示，颜色为“蓝色，个性色 1”。

（6）插入艺术字，输入文本“5 nm 麒麟 9000 旗舰芯片”，字体为“宋体”，字号为“小一”，艺术字的格式为“填充为白色，轮廓为着色 1，阴影”。

（7）插入两个文本框，分别输入文本“科技缔造艺术之美”“出众观感，一目了然”，字体为“等线”，字号为“五号”，颜色为黑色，添加下划线，颜色为蓝色。

（8）再次插入两个文本框，分别输入文本“你的 Mate，自带光环。标志性星环设计，来自宇宙的设计灵感，令科技与艺术环环相扣。”“这一幕，赏心悦目。88° 超曲 OLED 环幕屏，画面向更广阔处延伸，带来更为沉浸的视觉体验。”设置文字字体为“等线”，字号为“五号”，颜色为黑色。首行缩进 2 字符，1.5 倍行距。

（9）在文档中间位置插入箭头形状，设置箭头格式，无填充色，线条颜色为“蓝色，个性色 1”，线条宽度为“1 磅”。

（10）将箭头与文本框进行组合。

任务完成

1. 创建“某系列手机广告页”文档并保存

启动 Word 2016，新建一个空白文档。单击快速访问工具栏中的“保存”按钮，选择“保存位置”为“桌面”，“文件名”输入为“某系列手机广告页”，最后单击“保存”按钮。

2. 页面设置

切换到“布局”选项卡，在“页面设置”组中单击“纸张大小”按钮，选择“B5”；单击“纸张方向”按钮，选择“横向”；单击“页边距”按钮，在其下拉菜单中选择“自定义边距”命令，在弹出的“页面设置”对话框中设置上、下、左、右页边距均为 0.5 cm，如图 3-85 所示，最后单击“保存”按钮。

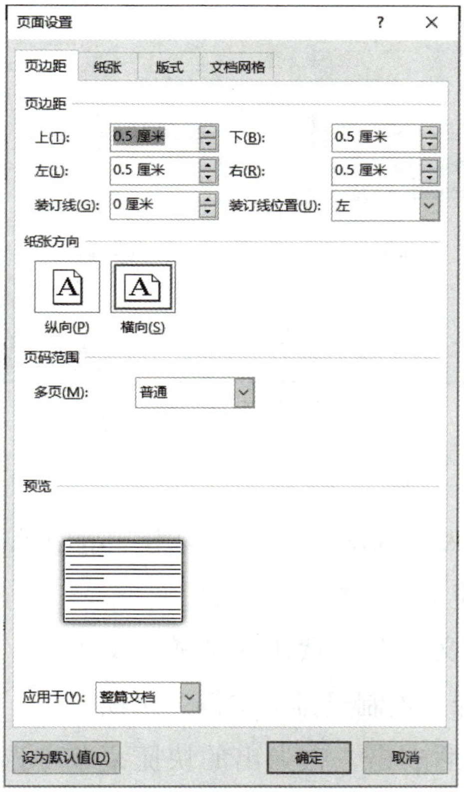

图 3-85　页面设置

3. 插入图片

步骤 01：将光标移至首行起始位置，切换到“插入”选项卡，在“插图”组中单击“图片”按钮，在弹出的“插入图片”对话框中选择图片文件中的“白色 .png”，单击“插入”按钮完成插入。再右击“白色 .png”，选择“大小和位置”命令，弹出“布局”窗口，将“白色 .png”宽度的“绝对值”设置为 5 cm，如图 3-86 所示。

步骤 02：将光标移至图片最后，再次单击“图片”按钮，按照上述步骤 01，继续插入图片“黄色 .png”，并设置图片的宽度绝对值。

步骤 03：任意选中一张图片，切换到“开始”选项卡，在“段落”组中单击“右对齐”按钮。

需要注意的是，插入的图片默认的文字环绕方式是“嵌入型”。

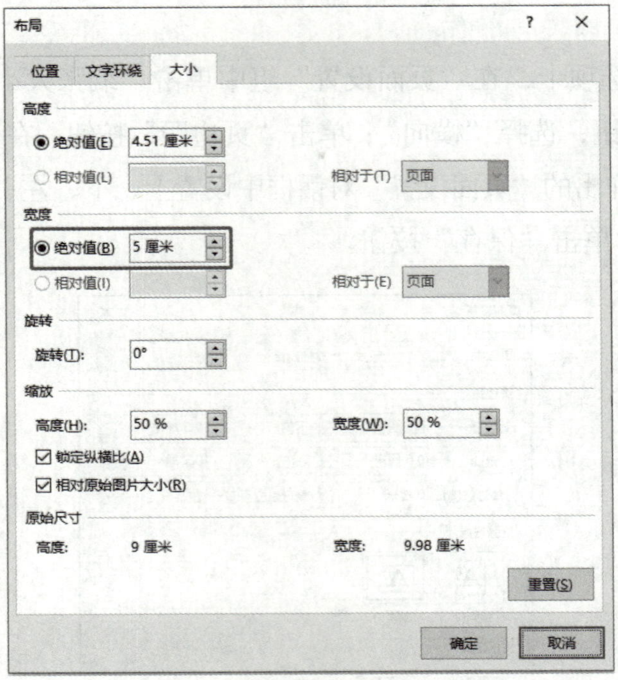

图 3-86 “布局”界面

4. 插入文本框

步骤 01：切换到“插入”选项卡，在“文本”组中单击“文本框”下拉按钮，在弹出的下拉列表中选择“简单文本框”选项。

需要注意的是，“简单文本框”默认的是横排文本框，如果需要插入竖排文本框，则在弹出的下拉列表中选择“绘制竖排文本框”选项。

步骤 02：选中文本框后右击，在弹出的快捷菜单中选择“设置形状格式”命令，打开“设置形状格式”窗格，选择填充为“无填充”，线条为“无线条”，如图 3-87 所示。

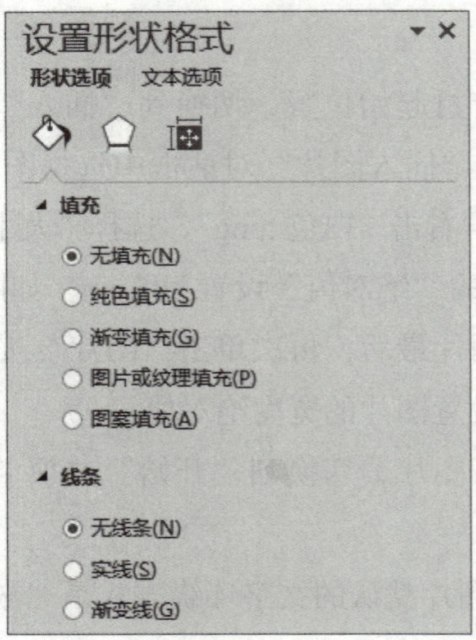

图 3-87 “设置形状格式”窗格

步骤 03：选中文本框，按快捷键 Ctrl+C 进行复制，单击文档的任意位置，再按快捷键 Ctrl+V 进行粘贴操作。

步骤 04：依次选中文本框，将其拖至对应的图片下面。分别将文本框中的文本修改成“有线无线超级快充”“EMUI 11 创新智慧体验”，并在“开始”选项卡的“字体”组中单击“加粗”按钮，设置字体为“宋体”，字号为“小四”。

步骤 05：选中其中一个文本框，按住 Ctrl 键后选择另外一个文本框，切换到“布局”选项卡，在“排列”组中单击“对齐”下拉按钮，在弹出的下拉列表中选择“顶端对齐”选项，如图 3-88 所示。此时两个文本框将在一条水平线上。

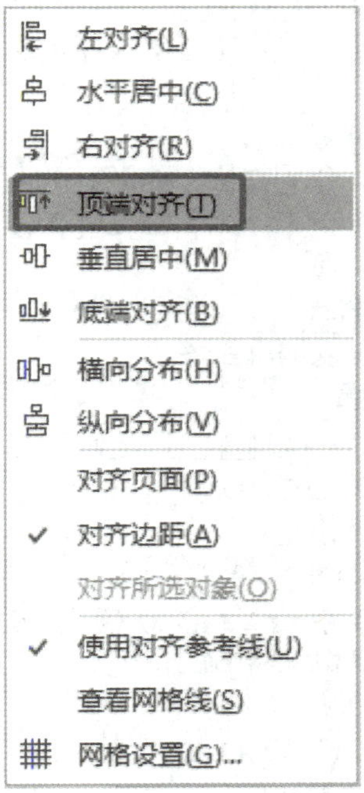

图 3-88 “顶端对齐”命令

步骤 06：再次按照步骤 05 选中两个文本框后右击，在弹出的快捷菜单中选择“组合”命令，即可将两个文本框组合成一张图片。

步骤 07：按照前述方法再插入一个文本框，将文本框中的文本改成“科技缔造艺术之美”。选中文本框中的文本，将其字体设置为“等线”，字号为“五号”，字体颜色为黑色，添加下划线，颜色为蓝色。选中“科技缔造艺术之美”文本框进行复制、粘贴，将文本框的文本修改成“出众观感，一目了然”。

5. 插入圆角矩形

步骤 01：调整前面插入图片的间距，然后切换到“插入”选项卡，在“插图”组中单击“形状”下拉按钮，在其下拉列表中选择“矩形”中的“圆角矩形”，如图 3-89 所示。此时鼠标指针变成“+”形状，在文档的空白处画出矩形。

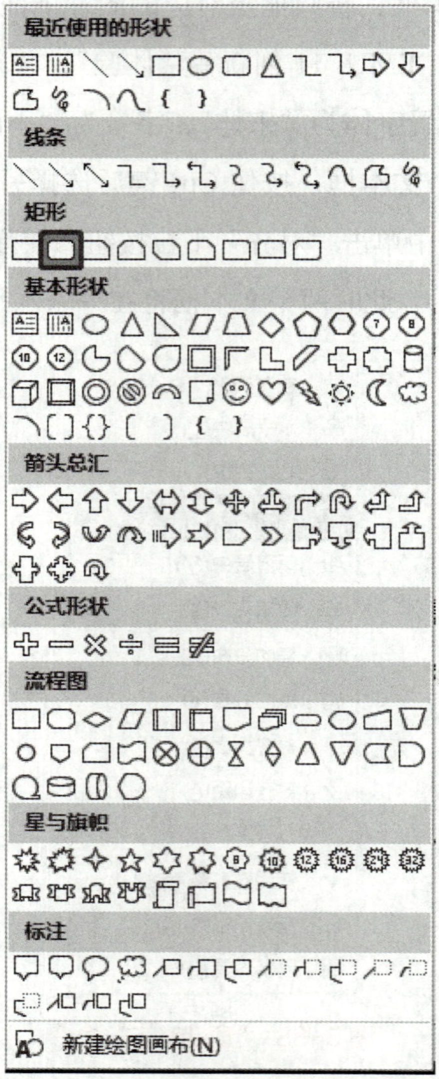

图 3-89 “形状”下拉列表

步骤 02：选中圆角矩形后右击，在弹出的快捷菜单中选择“设置形状格式”命令，打开“设置形状格式”窗格，选中“渐变填充”单选按钮，然后设置“预设渐变”为“浅色渐变，个性色 5”，如图 3-90 所示。

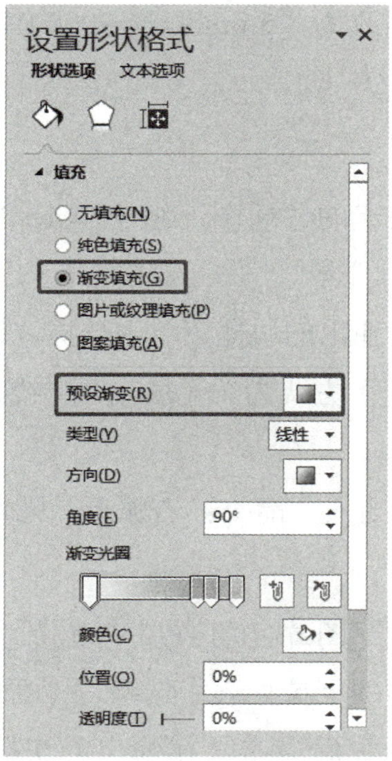

图 3-90 “设置形状格式”窗格

步骤 03：在圆角矩形中输入文字“跃见非凡”，在“开始”选项卡的“字体”组中将文本字体设置为“黑体”，字号为“三号”，加粗显示，颜色为“蓝色，个性色 1”。

6. 插入艺术字

步骤 01：切换到“插入”选项卡，在“文本”组中单击艺术字下拉按钮，在弹出的列表中选择“填充为白色，轮廓为着色 1，阴影”，如图 3-91 所示。

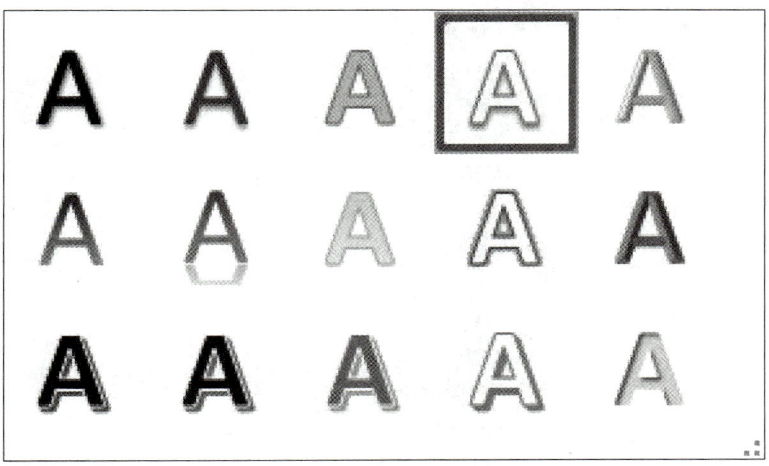

图 3-91 艺术字选择框

步骤 02：将艺术字的文本改为“5 nm 麒麟 9000 旗舰芯片”，选择艺术字的文本，将其字体设置为“宋体”，字号为“小一”。

7. 插入箭头符号

步骤 01：在“插入”选项卡的“插图”组中单击“形状”下拉按钮，在弹出的下拉列表中选择“箭头：左弧形”形状。

步骤 02：右击该箭头，在弹出的快捷菜单中选择“设置形状格式”命令，打开“设置形状格式”窗格，设置“填充”方式为“无填充”；“线条”为“实线”，颜色为“蓝色，个性色 1”，宽度为“1 磅”。

步骤 03：使用同样的方法插入“箭头：右弧形”形状，并对其进行格式设置。

8. 设置图片

步骤 01：选中“白色 .png”图片，切换到“布局”选项卡，在“排列”组中单击“环绕文字”下拉按钮，在弹出的下拉列表中选择“浮于文字上方”命令。

步骤 02：选中“样图”图片后右击，在弹出的快捷菜单中选择“设置图片格式”命令，打开“设置图片格式”窗口。

步骤 03：选择“阴影”，设置颜色为“蓝色，个性色 5”，设置“透明度”为 55%，“大小”为 100%，“模糊”为 4 磅，“角度”为 90°，“距离”为 4 磅，如图 3-92 所示。

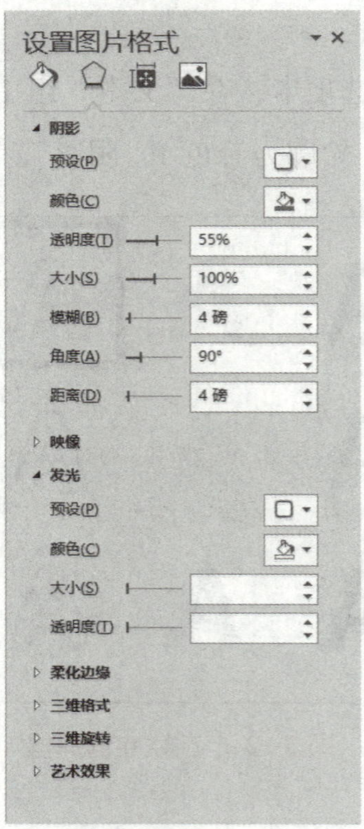

图 3-92 “设置图片格式”窗格

步骤 04：选中“黄色.png”，设置方法同上。

必备知识

一、图片设置

1. 插入图片

切换到“插入”选项卡，在“插图”组中单击“图片”按钮，在弹出的“插入图片”对话框中选择图片，完成插入操作。

2. 选择、移动和改变图片大小

（1）选中单张图片。单击即可选中图片，并使边框出现控制点，如图 3-93 所示。

图 3-93 选中单张图片

（2）移动图片。将鼠标指针移动到图片上方时，鼠标指针变成✥形状，按住鼠标左键并拖动即可移动图片的位置。

（3）改变图片大小。可以通过拖动改变图片大小，也可以通过设置参数改变图片大小。

①拖动改变图片大小。选中图片，将鼠标指针指向图片四角的控制点，按住鼠标左键并拖动，可将图片按照原有比例改变大小；将鼠标指针指向图片四边的控制点，按住鼠标左键并拖动，可对图片高度和宽度进行调整。

②设置参数改变图片大小。选中图片并切换到“格式”选项卡，在“大小”组中的“高度”和“宽度”文本框中输入相应的参数，如图 3-94 所示，可以准确改变图片大小。

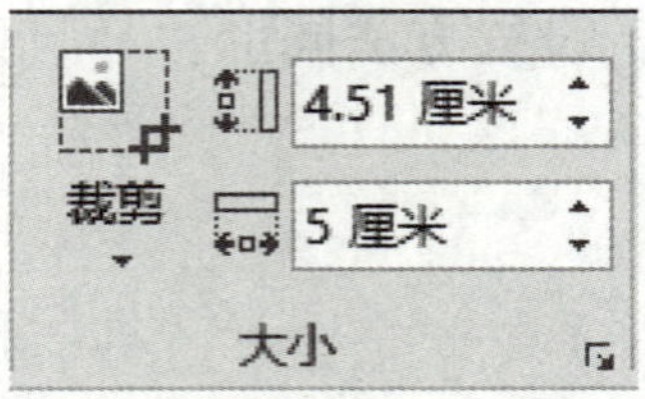

图 3-94　设置“高度”和“宽度”的参数

3. 图片样式设置

（1）图片样式。可在“格式”选项卡的“图片样式”组中设置图片的样式，如图 3-95 所示。

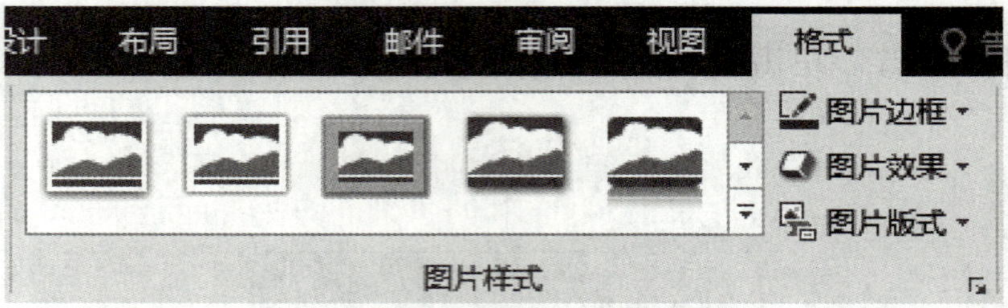

图 3-95　“图片样式”组

（2）图片边框。对选中图片的边框颜色、宽度和线性进行设置。

（3）图片效果。对选中图片应用某种视觉效果，包括阴影、映像、发光、柔化边缘、棱台和三维旋转等，如图 3-96 所示。

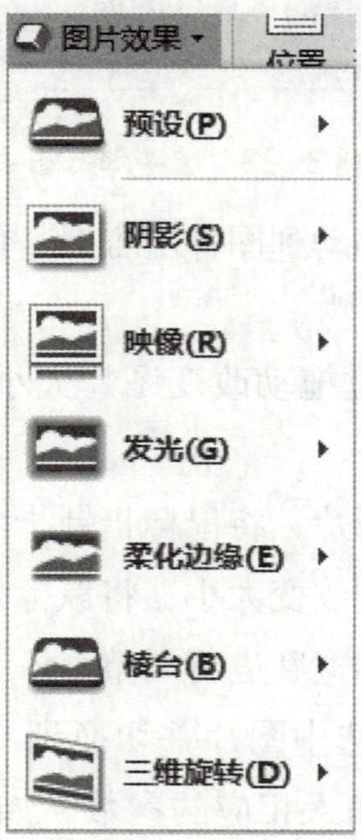

图 3-96　图片效果

二、艺术字设置

1. 插入艺术字

切换到“插入”选项卡，在“文本”组中单击“艺术字”下拉按钮，打开艺术字样式列表。在列表中选择所需样式，在“请在此放置您的文字”占位符中输入文本，设置文本的字体、字号和字形后即可完成艺术字的插入。

2. 艺术字的选择、移动和大小的设置

该步骤与图片的操作相同，不再赘述。

3. 文字设置

在“格式”选项卡的“文本”组中可以设置文字。

（1）编辑文字。在文本框中可对文字内容进行修改，艺术字样式不变。

（2）字符间距。选中艺术字并右击，在弹出的快捷菜单中选择“字体”命令，弹出“字体”对话框，在“高级”选项卡中可以设置艺术字字符间距。

（3）艺术字竖排文字。选中艺术字，单击“文本”组的“文字方向”下拉按钮，在弹出的下拉菜单中选择“垂直”选项，将艺术字中的文本竖排。

4. 艺术字样式设置

选中艺术字，在“格式”选项卡的“形状样式”组进行设置，如图 3-97 所示。

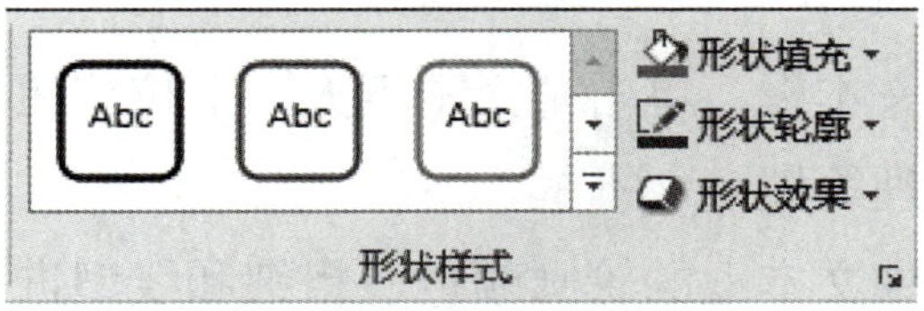

图 3-97 “形状样式”组

（1）其他按钮。选中艺术字，单击该按钮，在其下拉列表中重新选择艺术字的样式，文字内容不变。

（2）形状填充。选中艺术字，单击“形状填充”下拉按钮，在其下拉列表中选择颜色、图片、渐变、纹理等填充艺术字。

（3）形状效果。选中艺术字，单击“形状效果”下拉按钮，在其下拉列表中选择艺术字显示的形状。

5. 阴影效果设置

选中艺术字后，在“形状格式”选项卡的“艺术字样式”组中单击对话框启动器按钮，在打开的“设置形状格式”窗格中切换到“文本选项”选项卡，单击“文本效果”按钮，在打开的界面中可以设置阴影效果。

三、文本框设置

文本框是一个可以在其中放置文本、图片、表格等内容的矩形框。在文档中插入空白文本框，首先要确定在文档中没有任何对象被选中，否则这些选中的对象就会自动移动到新插入的文本框中或被新插入的文本框取代。

1. 插入文本框

切换到“插入”选项卡，在“文本”组中单击“文本框”下拉按钮，在弹出的下拉列表中选择文本框的样式或选择自己绘制横排或竖排文本框。

2. 文本框的选择、移动和大小的设置

（1）选择文本框。单击文本框，可使光标插入点放在文本框的文本中，同时使文本框四周出现控制点，将鼠标指针移动到外框上，单击即可选择文本框。

（2）移动文本框。将鼠标指针移动到外框上，当指针变成形状时按住鼠标左键，拖动文本框到任意位置。

文本框大小的设置与图片的操作相同。

3. 文本框的样式设置

在“格式”选项卡的“形状样式”组中对文本框的样式进行设置。

（1）外观样式。选择文本框的总体外观样式时，可单击“其他”按钮，在弹出的下拉列表中选择样式。

（2）形状填充。选中文本框，单击“文本填充”下拉按钮，在弹出的下拉列表中选择颜色、图片、渐变和纹理等填充文本框。

（3）形状轮廓。对选中文本框的轮廓颜色、粗细和线型进行设置。

（4）更改形状。选中文本框，单击“形状效果”下拉按钮，在弹出的下拉列表中选择某种形状，可使文本框中的文字按照所选的形状显示。

四、自选图形设置

（1）插入自选图形。切换到“插入”选项卡，在“插图”组中单击“形状”下拉按钮，在弹出的下拉列表中选择形状，再在文档中绘制即可。

（2）设置形状样式。自选图形的形状样式设置与文本框的样式设置方法相同。

（3）设置阴影效果和三维效果：自选图形的阴影效果和三维效果与艺术字的设置方法相同。

（4）添加文字。右击图形，在弹出的快捷菜单中选择“添加文字”命令，图形内部即成为可编辑状态，输入文本即可。

五、排列设置

选中图片、艺术字、文本框或自选图形等对象，在“格式”选项卡的“排列”组中设置排列方式，如图 3-98 所示。

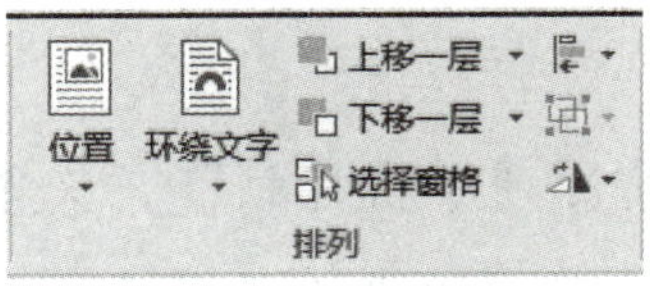

图 3-98 “排列”组

（1）文字环绕。设置对象与周围文字之间的环绕位置。选中对象，单击“位置”下拉按钮，在弹出的下拉列表中选择文字环绕方式。

（2）层叠。在文档中插入对象时，根据先后顺序，图片在文档中显示的层次是由底到上的顺序，即最先插入的对象在底层，之后插入的对象会遮盖它。调整方法：选中要调整层次的对象，单击“上移一层”或“下移一层”下拉按钮。可以在下拉列表中选择对象放置的层次。

（3）对齐。同时选中多个对象，单击“对齐”下拉按钮，在弹出的下拉列表中选择对齐方式。

（4）组合。同时选中多个对象，单击“组合”下拉按钮，在弹出的下拉列表中选择“组合”命令，完成对象的组合。此操作是将多个对象组合成一个对象。

（5）旋转。选中对象，单击“旋转”下拉按钮，在弹出的下拉列表中选择所需旋转的角度或翻转样式。

实践体验

在桌面上新建一个Word文档，命名为“vivo手机性能指标说明.docx”，效果如图3-99所示。

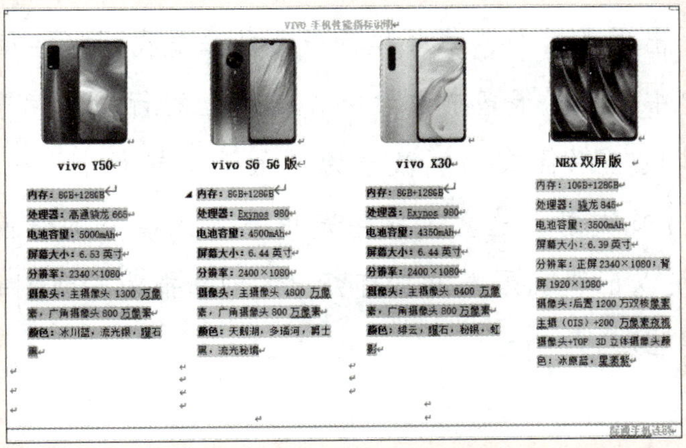

图 3-99 vivo 手机性能指标说明

（1）页面设置：页边距为“窄”，纸张大小为A4，纸张方向为横向，分四栏。

（2）添加页眉：文本为“vivo手机性能指标说明”，文本加粗，字体颜色为“蓝色，个性色1”，字号为“小四”，对齐方式为居中对齐，并将页眉多余的行删除。

（3）添加页脚：文本为“际通手机连锁”，文本加粗，字号为“小四”，字体颜色为“蓝色，个性色1”，对齐方式为右对齐，页脚段落边框为红色。

（4）在第一行起始位置插入图片，图片环绕方式为“嵌入型”，居中对齐。

（5）在第一栏中输入文本，其中标题为“三号”，加粗，居中对齐；其余文本为“小四”，1.5倍行距，左缩进2字符；小标题加粗。

（6）第二栏、第三栏、第四栏操作同上。

（7）第一栏正文底纹为浅灰色，第二栏正文底纹为青绿色，第三栏正文底纹为灰色，第四栏正文底纹为青绿色。

项目思政

本项目讲解了使用 Word 2016 进行文档处理，读者能够了解图文编辑工具的种类、创建文档、设置文本格式、设置文档页面格式、制作表格、文本与表格转换、绘制功能图形以及图文编排等知识，通过具体的实践体验、巩固提高等技能训练，掌握文档操作的基本方法，能胜任文档编辑、图文编排等工作。

在所有文字中，汉字是世界上使用时间最久、使用人数最多的文字。汉字不仅推动了中华文明的发展，而且对世界文明的发展产生了深远的影响。汉字是从古代演变而来的文字，最早的甲骨文在商代就出现了，之后在周朝，汉字发展成为大篆，在秦朝出现了秦隶，西汉之后，出现了楷书、草书和行书。书法是我国汉字特有的一种传统艺术。在中华文明的发展史中出现了很多书法大家。王羲之的行书《兰亭序》被誉为“天下第一行书”；颜真卿的《祭侄文稿》被誉为“天下第二行书”；在宋代出现了苏轼、黄庭坚和米芾等杰出书法家。总之，汉字是中华人民智慧的结晶，是世界上独一无二的创造发明，它足以证明我国人民具有突出的创新能力。我们每一个人都应该传承中华文明，展现中华魅力。

项目测试

一、选择题

1. 在输入文本时，在段落结束时按 Enter 键产生一个新段落，此时新段落会自动使用的格式为（　　）。

A. 仿宋、三号　　B. 与上一段相同的格式

C. 宋体、五号、单倍行距　　D. 新建文档时的格式

2. 在 Word 编辑状态下，打开计算机的“日记 .docx”文档，若要把编辑后的文档以文件名“旅行日记 .html”存盘，可以执行“文件”菜单中的（　　）命令。

A. “保存”　　B. “另存为”

C. “全部保存”　　D. “保存并发送”

3. 在 Word 中按（　　）可将光标快速移至文档的开端。

A. Ctrl+Home 组合键　　B. Ctrl+Shift+End 组合键

C. Ctrl+End 组合键　　D. Ctrl+Shift+Home 组合键

4. Word 2016 中按住（　　）键的同时拖动选定的内容到新位置可以快速完成复制操作。

A. Ctrl　　B. Alt

C. Shift　　D. 空格键

5. 在 Word 2016 中建立一个新文档时，默认的文档段落对齐方式为（　　）。

A. 居中　　B. 右对齐

C. 两端对齐　　D. 左对齐

6. 下列方式中，可以显示出页眉页脚的是（　　）。

A. 阅读视图　　B. 页面视图

C. 大纲视图　　D. Web 版式视图

7. 将插入点定位于句子“风吹草低见牛羊”中的“草”与“低”之间，按 Delete 键，则该句子为（　　）。

A. 风吹草见牛羊　　B. 风吹见牛羊

C. 整句被删除　　D. 风吹低见牛羊

8. 在 Word 2016 中，不属于“开始”功能区的是（　　）。

A. 文本　　B. 字体

C. 段落　　D. 样式

9. 在 Word 2016 中，单击“格式刷”按钮可以进行（　　）操作。

A. 复制文本格式　　B. 保存文本

C. 复制文本　　D. 清除文本格式

10. 为了防止他人随意查看 Word 文档信息，可为文档添加密码保护，一般可通过（　　）来实现。

A. 执行“文件”→“信息”命令，选择“保护文档”选项

B. 将文档设置为只读文件

C. 将文档设置为禁止编辑状态

D. 为文档添加数字签名

二、填空题

1. 在 Word 2016 中，利用“带圈字符”命令可以给字符加上（　　）。

2. 在 Word 2016 中，文档中两行之间的间隔被称为（　　）。

3. Word 2016 模板的两种基本类型为（　　）和（　　）。

4. 在 Word 2016 中要实现“查找”功能，可按快捷键（　　）。

5. 在 Word 2016 中，要体现分栏的实际效果应使用（　　）视图。

6. Word 2016 模板文件的文件扩展名为（　　）。

7. 在段落的缩进格式中，特殊格式有（　　）和（　　）两种。

8. 编辑文档时，如果进行了误删除操作，要将误删除的内容恢复过来，应执行（　　）操作。

三、操作题

1. 对 Word 文档进行排版，具体的排版要求如下：

（1）页面设置：上、下、左、右页边距均为 2 cm。纸张方向为纵向，纸张大小为 A4。

（2）标题设置：字体为“微软雅黑”，字号为“三号”，加粗，字体颜色为蓝色，效果为阴影；段前、段后各为 0.5 行，对齐方式为居中对齐。

（3）正文：字体为“宋体”，字号为“小四”；行距为 1.5 倍行距，首行缩进 2 字符。

（4）称呼：加粗，带下划线，字体颜色为黑色，取消首行缩进设置。

（5）各段子标题：加粗，字体颜色为红色；文本底纹为灰色，边框为蓝色、1 磅、单线。

（6）联系电话后插入图标 ☎。

（7）落款两段：对齐方式为右对齐。

（8）为该文档设置打开密码 202004。

最终样文如图 3-100 所示。

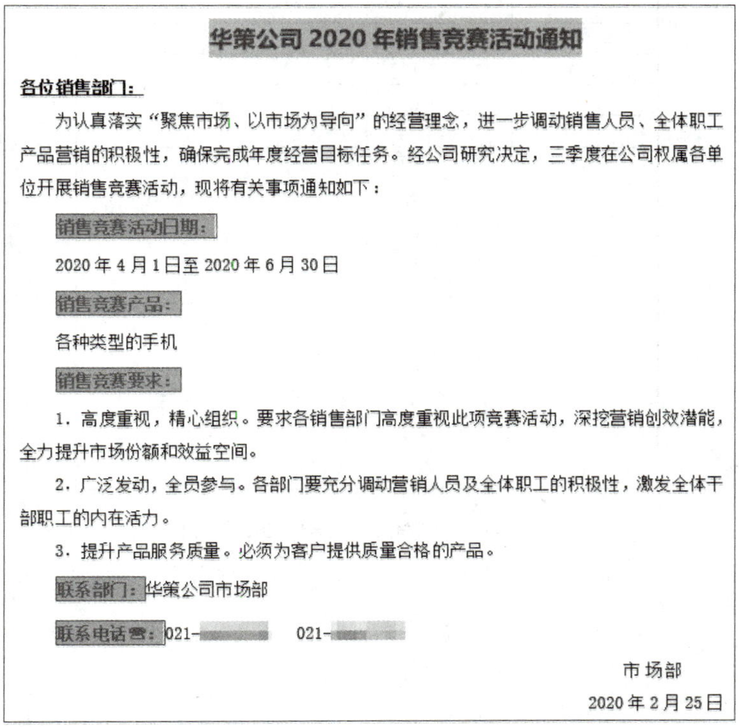

华策公司 2020 年销售竞赛活动通知

各位销售部门：

为认真落实“聚焦市场、以市场为导向”的经营理念，进一步调动销售人员、全体职工产品营销的积极性，确保完成年度经营目标任务。经公司研究决定，三季度在公司权属各单位开展销售竞赛活动，现将有关事项通知如下：

销售竞赛活动日期：

2020 年 4 月 1 日至 2020 年 6 月 30 日

销售竞赛产品：

各种类型的手机

销售竞赛要求：

1．高度重视，精心组织。要求各销售部门高度重视此项竞赛活动，深挖营销创效潜能，全力提升市场份额和效益空间。

2．广泛发动，全员参与。各部门要充分调动营销人员及全体职工的积极性，激发全体干部职工的内在活力。

3．提升产品服务质量。必须为客户提供质量合格的产品。

联系部门：华策公司市场部

联系电话☎：021-[illegible]　021-[illegible]

市场部

2020 年 2 月 25 日

图 3-100　华策公司 2020 年销售竞赛活动通知

2. 制作员工会议签到表。在桌面上新建一个文档，命名为“恒信公司员工会议签到表”，效果如图 3-101 所示，具体的排版要求如下：

（1）标题为“黑体”“三号”，加粗，居中对齐。

（2）其他文本为“宋体”“小四”，加粗。

（3）表格的外侧框线为黑色、1.5 磅，内部框线为黑色、1 磅。

（4）设置第 1 行至第 10 行行高为 0.8 cm。

（5）将所有单元格的文本对齐方式设置为水平居中。

恒信公司员工会议签到表

会议名称			
会议时间		会议地点	
主持人		负责人	
参与人员			
部门	姓名	职务	签到时间
会议纪要			

图 3-101　恒信公司员工会议签到表

参考文献

[1] 郭长庚，刘树聃 . 计算机应用基础 [M]. 北京：北京邮电大学出版社，2019.

[2] 贾如春，李代席 . 计算机应用基础项目实用教程 : Windows 10+Office 2016 [M]. 北京：清华大学出版社，2018.

[3] 徐丽 . 计算机应用基础项目化教程 [M]. 北京：北京邮电大学出版社，2020.

[4] 刘维胜 . 信息技术 [M]. 2 版 . 重庆：重庆大学出版社，2019.

[5] 黄福林，胡曰瀚 . 中职信息技术 [M]. 重庆：西南师范大学出版社，2020.

[6] 高鹏 . 计算机网络基础 [M]. 青岛：中国石油大学出版社，2020.

[7] 徐维祥 . 信息技术：基础模块 [M]. 北京：高等教育出版社，2020.

参考文献

[1] [illegible][M]. 北京: [illegible]出版社, 2019.

[2] [illegible]. Windows [illegible][M]. [illegible]出版社, 2018.

[3] [illegible][M]. [illegible]出版社, 2020.

[4] [illegible][M]. [illegible]出版社, 2017.

[5] [illegible][M]. [illegible]出版社, [illegible].

[6] [illegible][M]. [illegible]出版社, 2020.

[7] [illegible][M]. [illegible]出版社, 2020.